U0139602

Web3
与
DAO

下一代互联网演进逻辑

[日] 龟井聪彦 铃木雄大 赤泽直树 /著

陈浩 /译

机械工业出版社
CHINA MACHINE PRESS

Web3 是一场基于加密货币和 DAO 的革命。作为一种对 Web3 提供支撑的组织形式——DAO，是一种基于区块链的规则共享及以共同目的为中心的组织。这算是对 DAO 的一个简单的理解，详情后述。

　　本书不是纯经济学图书，也不是纯技术类图书，更不是一本用来自学的参考书或者预测未来的科幻小说，而是一本关于 Web3 和 DAO 的图书。Web3 可以称为互联网的转折点，它的出现使得 DAO 成为可能。在本书里，我们一边梳理互联网的历史，一边对 Web3 和 DAO 的概念与本质进行归纳总结。你能阅读本书，说明你对 Web3 应该是感兴趣的。这对从事这个行业的作者来说是一件值得感谢和高兴的事情。本书适合想了解元宇宙和 Web3 的普通读者、想提前布局 Web3 的资本投资人、Web3 相关的研究人员和从业人员阅读参考。

Web3 TO DAO DAREMOGA SHUYAKU NI NARERU ‘ATARASHI KEIZAI’

© 2022 Toshihiko Kamei, Yudai Suzuki, Naoki Akazawa

All rights reserved.

Originally published in Japan by KANKI PUBLISHING INC.,

Chinese（in Simplified characters only）translation rights arranged with KANKI

PUBLISHING INC., through Shanghai To-Asia Culture Communication Co., Ltd.

北京市版权局著作权合同登记：图字 01-2023-1020 号。

图书在版编目（CIP）数据

　　Web3 与 DAO：下一代互联网演进逻辑／（日）龟井聪彦，（日）铃木雄大，（日）赤泽直树著；陈浩译 . —北京：机械工业出版社，2023.4

　　ISBN 978-7-111-72856-6

　　Ⅰ.①W… Ⅱ.①龟…②铃…③赤…④陈… Ⅲ.①互联网络–研究 Ⅳ.①TP393.4

　　中国国家版本馆 CIP 数据核字（2023）第 052700 号

机械工业出版社（北京市百万庄大街 22 号　邮政编码 100037）
策划编辑：杨　源　　　　　责任编辑：杨　源
责任校对：韩佳欣　张　薇　责任印制：郜　敏
北京富资园科技发展有限公司印刷
2023 年 5 月第 1 版第 1 次印刷
169mm×239mm·9 印张·1 插页·78 千字
标准书号：ISBN 978-7-111-72856-6
定价：69.80 元

电话服务　　　　　　　　网络服务
客服电话：010-88361066　机 工 官 网：www.cmpbook.com
　　　　　010-88379833　机 工 官 博：weibo.com/cmp1952
　　　　　010-68326294　金 书 网：www.golden-book.com
封底无防伪标均为盗版　机工教育服务网：www.cmpedu.com

PREFACE

听到"加密资产"（为了让读者适应 Web3，本书之后会用"加密资产"这个说法）这个术语，大多数人应该会联想到追逐价格波动投机获利的画面。但是，在看完本书关于加密货币应用场景以及 DAO 的描述后，你应该会理解它并不是一种投机获利的产品，而是一种可以引起变革的组织形态。把 Web3 经济看成一个单纯短线投机获利市场，然后将它置之脑后的做法是非常可惜的。当你理解了 Web3 的潜在价值后，应该会意识到它有可能成为一种新的经济形态。

Web3 革命面前人人平等。这意味着每个人都有机会参与。现在就应该去理解 Web3、去思考，然后行动。现在世界上已经有人像你一样开始学习然后行动了。拿起本书的时候就是开始学习并行动的时候。

　　Web3 是迄今为止众多互联网浪潮中的一个，但不仅限于此。它会在互联网历史上留下浓墨重彩的一页，并以此为契机重塑我们的社会乃至价值观，并发展为一个全新领域。

　　为什么企业家、艺术家，乃至整个世界的人都这么关注 Web3 呢？为什么人们如此关注它背后的 DAO 呢？读完本书就会知道答案。让我们一起进入 Web3 的世界吧！

目录
CONTENTS

第 1 章

Web3 可以实现 Web1.0
没有实现的梦想

1.1 既旧又新的 Web3

Web3 最早是以太坊联合创始人 Gavin Wood 在 2014 年提出的。区块链技术的出现使得在互联网上实现一些全新的应用程序变得可能。针对这种现象，Web3 这个概念被提出来了。2021 年下半年，在全球范围内，Web3 的热度急剧上升，"带火"了 NFT、元宇宙这些名词，各大媒体争相报道。

知道 NFT 或者元宇宙的人应该也注意到了其背后的 Web3 吧。

Web3 常常被用来描述新的技术潮流。区块链、智能合约（后述）、分散型金融、NFT 等这些代表 Web3 的新概念确实是基于全新技术的。但是 Web3 也不过是互联网历史的一部分而已。有时，Web3 也被写成"Web3.0"，像序号一样去理解它作为互联网历史潮流的一部分是很有必要的。如果不把它放在历史的潮流中，然后一点点串联起来去理解，就只能看到一些表象。这就是认为 Web3 变革的影响和规模都很巨大的原因。本书将带你一边回顾现代互联网的历史，一边看看 Web3 究竟是什么以及是否继承了互联网创立之初的理念。

1.2　互联网前夜：计算机的发明

先讲一讲互联网"登场"之前的计算机。为什么要先讲计算机呢？原因有两个：第一，计算机出现后才产生了互联网；第二，计算机和互联网相互促进、共同发展。

关于计算机的起源，目前有多种说法。现代计算机起源于第二次世界大战中的 1940 年前后。第二次世界大战中，各国进行激烈的情报战。情报的军事价值变得非常重要，远超以往战争。

敌军计划从哪里展开攻击？隐藏在哪里？从哪里登陆？收集好这样的情报并根据它们调遣部队。这是自古以来战争的常规做法。为了使情报即使泄露给敌军也无法被简单破译，加密已成为一种常识。要追溯军事史上加密的话，凯撒的乌斯密码作为最古老的经典加密算法而为众人所知。乌斯密码是将想加密的文本的每个字母都按事先商量好的位移数移动，该文本就变成了无法解读的加密文本。只需要把位移数在内部共享一下，就可以简单地进行加密和解密了。这种加密方式叫作替换加密。改变替换规则会产生各种各样的加密方式变种。第二次世界大战期间，加密算法变得更加复杂，并且难以被破解。

二战期间，德军使用的恩格玛密码被认为是当时破解难度最高的加密方式之一。德军使用它进行内部联络，对盟军进行了重大打击。当时，与德国作战的英国为了对抗恩格玛密码，选中了艾伦·图灵并实施了破译项目。与乌斯密码一样，恩格玛密码会对每个字母进行替换，但是替换规则会根据文字的变化而变化，尝试全部的组合的话，会超过一京①。这些组合数目巨大，人力破解已经变得不可能了。图灵等人使用了一种被称为"炸弹"的装置对多种组合进行测试，并排除那些不可行的组合。图灵的方法让恩格玛密码变

---

① 一京等于 10^{16}。——编者注

得可以破译，并在某种程度上导致了德军最后的败局。

虽然是为军事应用而开放的，但是图灵开发的装置和他创造的理论成为后来计算机的原型。因此，他被称为计算机之父。艾伦·图灵留下来的丰功伟绩对后来的研究者产生了巨大的影响，并被反复研究。

其中冯·诺依曼继承了图灵的事业并开创了未来。他提出了我们现在所使用的计算机和智能手机的原型——冯·诺依曼计算机猜想。虽然图灵提出了通用计算机的理论，但这仅仅是理论，离实际应用还差很远，冯·诺依曼计算机原型被提出来后，计算器的实用化开始有了巨大进展。现在我们所知的内存和计算机程序，都是诞生于冯·诺依曼计算机。艾伦·图灵和冯·诺依曼的联手对计算机的出现产生了决定性影响。如果没有他们，那么也许不会有现在这个信息社会。随后，众多大学、研究机构、企业参与其中，"嬉皮"文化的兴起也和计算机有很大关系。

1.3　互联网的诞生

第二次世界大战结束之后，纷争的火焰并没有熄灭。20 世纪 50 年代开始的"冷战"将世界分成了东西两个阵营。那个时候，计算机还是很宝贵的资源，如何让研究人员远程使用它成为一个课题。虽然计算机已经被发明出来，但是体积庞大，移动很困难，这使得只有小部分研究人员可以使用。在这种情况下，有人提出了通过构建网络将计算机资源变成分布式结构的构想：通过网络把管理数据的计算机连接起来，将计算机分散以进行管理，这样就可以让分散在各地的研究人员都可以很方便地使用计算机资源了。毫无疑问，这会加快研究及开发的速度。

基于这种构想连接加州大学洛杉矶分校（UCLA）、加州大学圣巴巴拉分校（UCSB）、犹他大学、斯坦福研究所这 4 个节点的阿帕网于 1969 年 10 月开始运行。阿帕网的出现使得分布在不同地方完全不同的机器通过网络连接起来进行交互成为可能。而且那时候已经开始使用类似我们现在所使用的 TCP/IP 了。因此，阿帕网也被称为互联网的"始祖"。阿帕网后来渐渐向民间开放，1989 年起开始被商业利用。

1.4 WWW 的诞生和信息的民主化：Web1.0

当初诞生于美国的阿帕网，后来运营机构和协议发生改变，并开始被商业利用，即向一般民众开放。这个时候，机器通过网络连接进行交互的基础设施已经变得人人都可以使用了。1990 年，支撑现在信息社会的 World Wide Web（WWW）出现了。它是由欧洲核物理研究中心（CERN）的研究员蒂姆·伯纳斯-李（Tim Berners-Lee）提出并实现的，随后在全世界普及开来。听过 World Wide Web 或者 WWW 的人应该很多吧。本来就应该这样。我们现在所使用的网站或者应用程序都是基于它开发出来的。一言以蔽之，WWW 就是一种超文本系统。它把文本与文本通过链接关联起来，创造新的价值。超文本系统的研究始于 1945 年左右。WWW 使得互联网上的文本可以互相参照。笼统地说，文本提供者设置服务器，用户通过网络浏览器来参照这些文本。如图 1-1 所示。

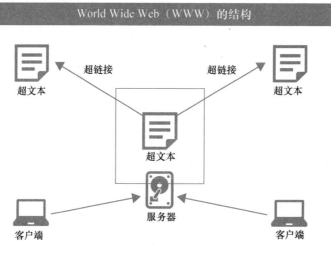

图 1-1

现在看来稀松平常的网络应用都是基于 WWW 实现的。1990 年 12 月，世界上第一个网页被开发出来，然后被公开，现在世界上的网站数目已经达到 19 亿~20 亿。蒂姆·伯纳斯-李对互联网或者 WWW 有一种很强的信念。在接受 *WIRED* 杂志采访时，他是这样表述他的理念的："互联网为所有人共有，我们人类作为一个集体有改变它的能力，虽然那不是一件容易的事情。虽然只能看到一丝希望，但是我们继续拼尽全力去努力，我们所期望的网络世界应该会实现吧。"通过这段描述，可以看出蒂姆·伯纳斯-李抱有"互联网为所有人所拥有"的理念。这也在他的行动中表现出来，他没有为 WWW 申请专利，而是让大家自由使用。而且，在 Netscape 和 Internet Explorer 为了争夺市场份额而激烈竞争的时候，他为了统一浏览器的标准而成立了 World Wide Web Consortium（W3C），尽力推进标准化。不仅仅是蒂姆·伯纳斯-李，还有很多人的共同努力，使得互联网得以普及，我们才可以享受信息普及带来的恩惠。从此，人人都可以自由地发送和接收信息的革命拉开了序幕。此时这一系列的历史或者潮流被称作 Web1.0，成为后来互联网里程的出发点。如图 1-2 所示。

World Wide Web

The WorldWideWeb (W3) is a wide-area hypermedia information retrieval initiative aiming to give universal access to a large universe of documents.

Everything there is online about W3 is linked directly or indirectly to this document, including an executive summary of the project, Mailing lists , Policy , November's W3 news , Frequently Asked Questions .

What's out there?
 Pointers to the world's online information, subjects , W3 servers, etc.
Help
 on the browser you are using
Software Products
 A list of W3 project components and their current state. (e.g. Line Mode ,X11 Viola , NeXTStep , Servers , Tools , Mail robot , Library)
Technical
 Details of protocols, formats, program internals etc
Bibliography
 Paper documentation on W3 and references.
People
 A list of some people involved in the project.
History
 A summary of the history of the project.
How can I help ?
 If you would like to support the web..
Getting code
 Getting the code by anonymous FTP , etc.

图 1-2

1.5 信息技术进步和商业化的飞跃：Web2.0

Web1.0 时代，互联网和 WWW 的普及使得真正的信息革命拉开序幕。后来，各种新发明和改良不断出现，信息技术的发展远超人们当初的预期。信息技术的进步对信息的传递产生了重大影响。信息技术的进步主要体现在以下三个方面。

首先是计算机的普及。20 世纪 90 年代末期，计算机开始小型化，除商业应用以外，开始向家庭普及。计算机变得大众化并且更加便宜，反过来又促进了计算机的普及。当时已经普及的 Windows

可以很简单地接入互联网，这使得接入互联网的计算机急剧增多。
21 世纪 00 年代末期，以 iPhone 为代表的智能手机开始爆发并迅速
普及，智能手机、平板电脑、智能手表之类的可穿戴设备变得小型
化。从一个家庭一台计算机变成一人一台计算机，现在一个人拥有
多台计算机也不算稀奇。

其次是计算机性能的提升。1965 年，戈登·摩尔（英特尔创始
人之一）提出了摩尔定律，即集成电路的晶体管数量每年都会翻
倍，并预测这种情况将持续十年。事实上，这个定律相当准确，
1975 年之后的实际发展情况基本符合摩尔定律。集成电路相当于计
算机的"心脏"，单纯来讲，单个集成电路上晶体管数量的增加就
意味着性能的提升。近些年来，晶体管变得越来越小，计算机的性
能已经接近现在设计方案的极限。

最后是通信技术的进步。20 世纪 90 年代初期，人们还是用电
话线进行拨号上网。通过调制解调器"拨打"ISP 提供的电话号码
来上网，不像现在会一直保持在线状态，而且费时费钱。20 世纪 90
年代末期，ADSL（Asymmetric Digital Subscriber Line）上网方式开
始出现。利用和电话线同时被铺设的金属线缆，不但速度变快，而
且可以一直保持连接的状态。随后，光纤宽带出现，通信速度远远
超过了以往的上网方式。智能手机等移动设备随着从 3G 到 4G，再

到 5G 的迭代，通信速度有了巨大的提升。WiFi 接入方式已经普及，即使是无线上网，也可以轻松访问网上多种多样的内容。

计算机的普及、计算机性能的提升、通信技术的进步这三方面快速发展到 2020 年。信息技术的进步使得通过互联网可以进行更加复杂、活跃的互动。在这样的背景下，各种各样的互联网应用被开发出来，如社交网络服务和共享经济。而且，数据的数量、种类、流通速度都有很大进步，因此基于大数据的各种分析和应用的开发正在进行。由于互联网和信息技术的进步，这个行业的结构开始发生变化，2005 年，O′Reilly Media 创始人蒂姆·奥莱利提出了 Web2.0 这个概念。他为什么特意创造出 Web2.0 这个词汇呢？与以前相比，人们与互联网的关系发生了变化，为了突出与以往性质不同这点而创造出这个词汇。Web2.0 的性质可以理解为：随着信息技术的进步，信息交流变得更加活跃，互联网用户群体共同合作产生出各种内容。这是 Web2.0 的重大特征。

1.6　互联网为谁而生？

在互联网诞生之后从 Web1.0 发展到 Web2.0 的过程中，越来越多的人享受到了信息革命带来的便利。虽然和以前相比，人们的生活变得更加快捷和舒适，但是现在重新审视互联网的话，会发现它并不是每个方面都能让大家满意。在互联网普及初期的Web1.0 时代，大家期待它成为人人可以发布并接收信息以互相交流的基础设施，这种期待成为创新的动力。互联网是开放的，人人都可以使用。很多商业活动都基于互联网这个基础设施，产生的很多创新活动又极大地扩展了互联网的可能性。但是，在互联网的商业化进程中，力量"天平"开始向企业倾斜，这就产生了各种各样的弊端。

首先被提及的是大型互联网平台企业的垄断。2020 年，游戏公司 Epic 起诉苹果公司是一个标志性事件。该公司的热门游戏 *Fortnite* 在 2020 年拥有 3.5 亿用户。该游戏通过苹果和谷歌的应用商店向用户提供。这些应用商店根据营收额收取手续费。苹果公司按照营收的 30% 来收费。Epic 考虑过如何减免或者回避这些手续费。2020 年 8 月 13 日，该公司发布了 Epic direct payment，可以不经过各种平台直接结算，以此来规避平台的手续费。对此，苹果公司以违反协议为由将该游戏从 App Store "下架"。Epic 公司于是起诉苹果公司。谷歌公司以同样的理由将该游戏从 Google Play "下架"，然后被 Epic 公司起诉。这一系列事件让大家对互联网平台企业的商业模式产生了质疑，抽成是否合理等问题引起了广泛的讨论。看法分两种：正是有了平台，用户才可以下载各种应用；高抽成表示平台企业太贪心。

其次，数据隐私也是一个很大的问题。脸书公司（现在的Meta）在 2014 年涉嫌对用户隐私数据不当使用。剑桥大学的研究者向调查对象提供的应用程序甚至收集了用户好友的信息，更加严重的是，在没有经过用户同意的情况下就把数据提供给了国外的咨询公司。据报道，这些信息被用于 2016 年美国总统大选的目标精准式广告，并酿成巨大的问题。自己的个人信息如何被利用并不透明，而且被随意使用这一点让很多人受到很大刺激。这种情况层出不穷，从个人隐私观点出发，保护个人信息的条例相继出台。欧盟推出的《通用数据保护条例》（GDPR）就是一个典型代表，尤其对被称为 Big Tech 的大型平台企业开始加以约束。这些负面影响应该可以被看作让生活变得更加便利的互联网的阴暗面吧。从商业模式来看，把用户"圈"起来可以提高其价值。

正如数据被称为 21 世纪的石油所说的那样，如何获取用户数据成为开发新产品的基础。随着机器学习的发展，这种趋势变得更加明显。在互联网上，对如何处理数据的摸索在 21 世纪 10 年代末期变得愈发重要。截至 Web2.0，互联网变得多种多样，而且对产业和社会产生了很多影响，反之，互联网也受到影响。当初，由于 Peer to Peer（P2P）这样的分散架构或者超文本技术的支持，因此人人都可以自由使用的信息流通平台在经过众多人的努力后，成为现代社会不可或缺的基础设施。于是，互联网成为各种服务的基础，产生了解决各种问题的互联网服务。

另外，过度垄断以及个人数据隐私的负面问题也开始显现。从 21 世纪 10 年代末期开始，如何处理这些日渐显现的负面问题已经变成了一个紧急课题。在这种情况下，一个叫中本聪的人打破了僵局。2008 年 10 月，metzdowd.com 网站的密码学的邮件列表里出现了一篇署名为"中本聪"的文章，文章标题是 *Bitcoin：A Peer-to-Peer Electronic Cash System*。这篇仅有九页的文章讲述了如何通过 P2P 网络构建一个货币系统。刚开始，邮件列表的参与者对这个构想表示怀疑，但是一部分开发者和学者意识到基于互联网的货币系统是可能的，于是和中本聪一起根据那篇文章开发出文章标题中提到的比特币。2009 年 1 月，比特币系统开始运行。这算是人类首次拥有区块链。这篇文章非常重要的一点就是提出一个不需要特定中心来掌控数据还能使数据变成良好状态的创意。中本聪在文章中是这样描述的："我们需要的是一个基于加密证明的电子支付系统，而不是信任。也就是说，不用经过一个可以信赖的第三方，有交易意向的双方可以直接进行交易"（What is needed is an electronic payment system based on cryptographic proof instead of trust, allowing any two willing parties to transact directly with each other without the need for a trusted third party.）。通常的电子支付系统将一个人给另一个人转账这样的信息保存在服务器，钱款的流动是通过管理转账数据来实现的。比特币不是采用这种方式，而是尝试利用密码学，使得可以不经过任何第三方就实现电子支付。中本聪的这篇文章中的想法后来成为区块链技术的起点，并被广泛使用。比特币只是一种单一的电子货币系统，2014 年出现的以太坊却企图成为一个通用平台，就像智能手机那样，开发者能在上面开发各种应用。以太坊基于区块链技术，其目标是构建一个智能合约平台，现在已经成为被广泛应用的平台。

区块链技术的出现，使得信息管理不需要依赖第三方，为解决本节开头提到的那些负面问题开拓了一个新思路。现在我们使用的各种应用程序或者服务，使用记录或者用户信息都归企业所有。企业开发的各种应用都基于它拥有的用户数据。这种构造必然会产生过多垄断和用户隐私的问题。但是，为了利用数据产生价值，需要保存数据，必要的时候需要分析数据或者向用户开放。互联网迄今为止只不过是信息交互的"管道"。但是，区块链的出现使得企业

或者组织可以在网络上处理数据。换言之，互联网从信息交互的
"管道"升级为存储处理信息的工具。区块链的出现引发的一系列
趋势和变化被称为"Web"。Web2.0 服务和 Web3 服务的对比如
图 1-3 所示。

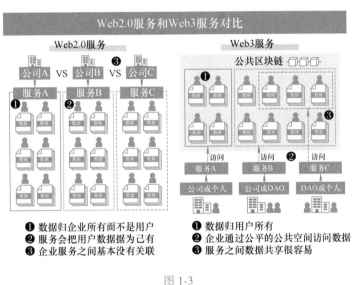

图 1-3

　　Web2.0 的一个负面问题是企业过度收集用户信息。Web2.0 时
代，用户信息为各个企业拥有，当用户想使用某个服务的时候，就
必须进入这个企业的"领地"。而对于 Web3，用户信息保存在网络
上，而且用户自己拥有控制权。从这方面来说，Web3 可以称为
"自己做主"的 Web。

1.7　互联网故事的新篇章

到此为止，我们从技术角度回顾了从互联网诞生之前到 Web3
的 80 年左右的历史。最近，分布式金融系统（DeFi）、NFT、元宇
宙之类和 Web3 相关的词汇接连出现。它们中很多都是在区块链或
者智能合约出现后产生的，如果只是单独看待它们，那么很难看清
楚其背后技术或者理念被采用的理由。如果真的想透彻理解互联网
的历史，那么应该将它当成一条线而不是一些点去观察。如果以上
述方式去看待，就能理解这些词汇不是突然从天而降，而是计算机
和互联网从出现到现在，甚至久远的将来的历史的一部分。很有必
要用这种大局观来理解 Web3。

第 2 章

Web3 下
的生活

1990 年，万维网在互联网上出现，揭开了信息革命的序幕，2009 年，区块链技术出现，在未来某个时间点回顾互联网历史的时候，它们应该也会被认为是具有重要意义的吧。如果互联网是一个故事，那么现在我们所处的时代已经进入一个新篇章。Web3 现在还不够完善，还在演化。在可扩展性、缺少好的应用案例、互通性、开放性与隐匿性的平衡方面，需要研究的课题堆积如山。万维网诞生当初也并非"完美"，也不像现在这么好用，但是，它现在已经成为支撑整个社会的基础设施，而且现在还在不断被改进，将来会变得更好。在互联网的新篇章里，会留下什么样的故事是由我们自己决定的。

　　Web3 的切入点在哪里或者究竟哪里难以理解？恐怕是其后端的创新或者技术相关的部分。后端是我们平时看不到的系统的内部领域，不太容易直观了解。Web3 也被称为后端革新，用户体验发生巨大变化。例如，以极低的手续费迅速进行跨国转账，或者拥有数字作品。由于后端是看不见的领域，因此，如果没有实际的体验，那么想要感同身受就比较困难。于是，本章准备了一个小故事，讲述了一个非常普通的公司职员"我"和一个痴迷于 Web3 的新手工程师的交流过程，以加深读者对 Web3 的理解。这个故事中的"我"刚开始的时候甚至比各位读者还不了解 Web3。通过和晚辈的交流，和"我"一边体验，一边理解 Web3 的概要吧。

2.1　与"晚辈"的面谈

　　"为什么是我？"樱花开始凋零的 4 月下旬，午饭后，我一边喝着罐装咖啡，一边抱怨着。文科出身的我一直在负责销售企划，召开充斥着营销、KPI、OKR 之类词汇的会议，写材料、做企划是我的工作。即使到现在，我也没有适应这些外来语，它们一直让我头痛。感觉说了好多，但是又像什么都没有说，我最怕这种感觉。这样的我，在部长一声令下后，成了负责新人培训队伍的一员而去照顾这些新人。我们公司，本着尽量加强员工交流的目的，会让平常不参与新人培训的部门去负责新人培训。我进公司已经差不多十年了，负责培训新人也是理所当然的。这次，我要培训的新人好像是我们公司第一个女性工程师，她以志愿者身份做过开发工作，精明强干。对于文科出身的我，她这个新人和我完全是不同行业的人。事先拿到的面谈材料中这样写道："面谈的目的是促进互相了解，建立起相互信任的关系，为了达成目的而回顾过去。刚开始的阶段是以建立信任关系为中心，逐渐转换到以达成目的而回顾过去"。和这个新人已经面谈过一次，对于不怎么喜欢和人打交道的我，这不是一件轻松的事情。第一次的面谈，是为了建立起相互信任的关系，所以主要谈了一些无关紧要的事情。那个新人就花了很多时间向我推荐计算机。我对这个话题没什么兴趣，但还要装模作样、目光炯炯地去听，这让我觉得很痛苦。她好像是遇到喜欢的事情就会着迷的那种人。今天 13 点要和她面谈。我把变凉的咖啡一口喝完，迈着沉重的步伐进入会议室。

2.2　这些事情都会成为可能

"唉，辛苦了。"刚走进由简单的隔断分割成的简易会议室，就听到了那个新人的声音。不经意地看了一眼，她正在聚精会神地看着计算机屏幕。计算机的屏幕上，"辛苦了，今天也请多多关照。"这一串密密麻麻的文字在向上滚动。

"就像电影中那些黑客一样。"

"我在 Discord 上看到我参加的一个项目好像出了故障，感觉不对劲就进去看了看。"

Discord 对于我这个喜欢游戏的人来说还是知道一些的。它类似于群聊软件，最初应用在游戏领域，后来其他领域也开始使用。

"目前原因还不清楚，区块链的交易无法通过，感觉像是智能合约无法正常运行。"

我最怕外来语："拜托不要讲外语！"

"区块链就像是大家一起管理的账本。没听说过比特币吗？区块链就像是比特币的根基。"

我不是没听说过比特币。2018 年，听说利用比特币躺着睡觉就能赚钱，于是我投了 30 万日元进去，结果亏到只剩 10 万日元，它就是那种很厉害但我又搞不清楚的东西吧。"在它上面我亏了 20 万日元。"

（笑）"4 年前买了的话，现在赚翻了。"（笑）她继续说下去，"交易记录类似于往账本上写的数据，现在的问题是无法写到账本上。"

"搞不清楚，感觉就是无法记账吧？"

"差不多是那个意思。因为这个问题，所以智能合约也就是交易发生后会自动执行的程序没有正常运行，现在让大家很伤脑筋。"

"大家？好像我不在那个'大家'里面。"我心里嘀咕。

"大家呀？但是那个智能合约是什么东西？"我问她。

"智能合约就是事先约定的自动处理交易的程序，区块链出现后，就一下子普及了。"

"那个区块链在哪里？"

"这里。"她指着计算机屏幕说。

不会吧？即使我这个文科出身的人都能看出她在开玩笑。处理金钱交易的系统就在她的计算机里？简直不敢想象。

"不可能吧！那可是钱，不放在银行之类的地方是不行的！"

"不是，区块链是分布式技术的一种，由各种各样的计算机机器互相协作组成。虽然区块链有不同类型，但是基于'挖矿'机制的安全策略还是相当牢靠的。'挖矿'是指交易数据被打包写入区块并加入区块链的操作。极端地说，区块链就是大家互相检查来确认交易数据是否被正确记录的手法。"她淡淡地说。

这大量的信息让我像计算机"死"机一样暂时无法思考了。区块链和智能合约大概是在我毫无察觉的时候变得这样"了不起"了吧。

"好像不是协议的问题。算了吧，不管了。"她一边关闭了Discord，一边说着。（瞧，又是外来语！）

"协议就是一些约定之类的东西吧？"

"对，好像是假设在有什么事情发生的时候就按照事先约定好的规则行动。如果使用了区块链或者智能合约，就可以做出人人都可以使用的协议了。"

"哦……"我们公司规定面谈时间为 30 分钟。现在时钟的指针指向 13 点 10 分。面谈完全进入她的节奏。"区块链之类的话题差不多了。进公司有一段时间了，稍微习惯了吧？"

她看着计算机的边缘，有点局促不安地回答："对，其他的工程师对我都很好。今天早上，对于我负责的那个平价 gas fee 平台的调查之类的话，他们都听得津津有味。"

"嗯？燃气钱？汽油费？"

"刚才提到执行交易的时候需要"矿工费"这种手续费，其实发起交易的时候也需要。"

"是吗？还做了这种调查？"

"啊？没听说过？我主要负责基于区块链的 NFT 的设计和开发部分。"

因为我要负责她的培训，所以上司提前与我共享了她的工作内容和职责之类的信息。上司其实就递给我了一本打着教科书幌子的书，其内容太难，完全看不下去。现在我还在恨这位上司，他以为给我一本书，我就学会了，这样做太天真了。（莫非这位上司自己也没有搞懂？）我们公司的规模不算大，对于公司的事情，大家多少是知道一些的。

"NFT，好像在新闻中听到过。"我嘟囔着。

"NFT 就是可以检验数据唯一性的技术，智能合约是其基础。怎么突然就'火'起来了呢？"

"新闻报道中说艺术家和创作者都发布了 NFT。"

"那个也是基于智能合约的。"即使是不可思议的事情，但在新闻中听说过或者成为谈论的话题后，也会产生一种亲近感。

"智能合约可以将 NFT 和某个人绑定，因此电子数据就可以像毕加索的作品一样被对待，就像是一种电子保证书之类的东西。在数字世界里，'土地'可以作为 NFT 流通。"

"'土地'也可以？太厉害了！"

"首次转让之后，再次发生交易的话，创作者可以继续获取收益，这样的机制实现了，创作者很高兴。"

"那就是智能合约的神奇之处。"

"对，对。"晚上看新闻的时候，播音员说 NFT 在整个世界范围内流行起来了，日本的艺术家和创作者也开始用 NFT。"可以成为新的收入来源。"新闻上那样说的，原来是这样啊。在新闻中，还听说过 NFT 这个术语，突然感觉安心一些了。

"NFT 动不动就几亿日元起步，为什么都那么有钱呢？"

"我也只是接触了一些。分布式金融，听说过吗？"

怎么可能听说过，于是答道："没有，首次听说。"

"分布式金融也被称为 DeFi，基于区块链和智能合约的金融协议。前辈，你借过贷款吧？"

"买车的时候借过。"

"DeFi 既可以贷款，又可以把钱借给别人以获取利息。最近，交易所、金融衍生品、离岸交易之类的创新出现了，认为可以靠这个赚钱的人都在买 NFT。"

"好像闻到金钱的味道了。"

"要不要看看?"她慢慢地把计算机的屏幕扭向我(屏幕内容见图 2-1)。

图 2-1

屏幕上有个类似独角兽的图标,画面中间有个输入栏,整个画面很简洁。(就是这样的?没问题?)对于我惊讶的表情,她视而不见,然后说:"这个叫作 Uniswap,类似交易所,是智能合约上的加密资产交易所。"这么厉害的事情,她竟然说得如此轻描淡写。这样的事都变得可能的话,其他的难道真的没问题吗?我变得有点担心。

"这里所说的代币和加密资产不一样吗?"

"大体上相同。对于大部分情况,代币指代的范围比加密资产更广,有些代币类似于数字商品或'会员证',因此认为加密资产就是类似货币的代币也没关系。"

"原来如此。"

"在 Uniswap 上，可以交换代币。swap 是交换的意思。"

"这个和银行、证券公司没关系吧?"

"对，没关系，由智能合约来控制。"

头有点晕。让人难以相信的未知世界。

"要交换的代币从哪里来?"

"这就是很有趣的发明了。"她兴趣更大了，"想要交换，但是对方没有的话，也无法交换。一般的交易所会有专门的一方来提供。但是，因为 Uniswap 上没有，所以会通过奖励来招募愿意提供的人。在此基础上，会提前提供一个类似存储资产的'池子'。对于那些愿意向'池子'里提供代币的人，会给一些代币作为凭证，并且分配收益。这样就形成了一个让经济运转起来的协议，也就是提供了流动性。"

这完全成她的独角戏了。谈到这里，开始感觉有点意思了。事先准备好交换的代币是关键，但如何准备是个问题。因此，需要提供一个可以获利的机制让这个系统运转起来。

"现在的时机正好，要不运作一下看看?"她熟练地点击鼠标，然后画面右上角出现一个没怎么见过的弹窗，其中有一个狐狸的图标。刚才是独角兽，现在是狐狸，这个行业的人都喜欢动物吗？如图 2-2 所示。

Welcome Back!

The decentralized web awaits

Password

LOG IN

Restore account?
Import using account seed phrase

图 2-2

"这是什么？"

"这是叫作 MetaMask 的'钱包'。"接连不断地被从没听说过的词汇冲击着，我已经见怪不怪了。

"钱包?"

"想要参与区块链的话，基本上都要用到'钱包'软件。"

"也就是说，里面放着钱?"

"对了一半。这个'钱包'里放着私钥，类似于正式的印章。使用私钥就可以操作自己拥有的代币。"

"计算机被'黑客'破解的话，就全部完蛋了?"

"对。加密资产被盗的事件已经出现了对不对? 其实并不是加密资产本身被盗，而是私钥被盗了。"

"可怕。"

"所以，就像钱包一样，这个私钥绝对不能被盗。"她在Uniswap 的表里输入一些信息，敲了几下鼠标。最后，按下写着"交换"的按钮，刚才看到过的弹窗又在屏幕右上方出现了。画面上都是密密麻麻的小字，按下弹窗下方的蓝色小按钮，画面开始翻动。"这样就发起了交易，并提交给了区块链网络。"

"这样就完了?"

"准确地说，交易被写入区块链之后才算完成。现在在等它完成，一般会花几分钟时间。"过了一会儿，屏幕右上角出现一个绿色的弹窗。交易好像成功了。她边打开 MetaMask 边说："看，余额变了。"

确实，数字变了。人生首次亲眼看到区块链智能合约，被信息的"洪水"持续冲击的我想着"面谈会"变"学习会"的结果，开始感觉有点头痛。我清清嗓子，若无其事地开始按照模板问她一些问题："原来是这样，你喜欢这些东西。话题回到面谈上，迄今为止，你最大的成功是什么？"话题的转换有点任性。这种时候，沟通能力强的人会怎样呢？我也经常会这样问自己。

"嗯。这个呀？"她稍微考虑了一会儿，"在开发开源软件的时候，我的意见被采纳这件事情吧。"

搞不懂是什么，但是感觉很厉害。

"那个开源软件是什么？可以自由使用的某种东西？"

"对。开源软件就是免费的、完全公开的软件。世界上的工程师自发地开发、维护这些软件。"

"你也为开发做出过贡献？"

"对。区块链相关的协议大部分是开源的。我正在参与一些相关的项目。我的提议第一次被采纳的时候，感觉好开心。"

这样来说，我听到的"作为志愿者参与开发，很能干"这样的评价就是说她的呀。(虽然不太明白，但是感觉她好厉害。)

"这样说来，比特币之类的也是开源的？"

"对。它们都是技术很好的工程师一起开发出来的，水平很高的。"

世界上志同道合的人聚集在一起开发的系统有可能改变世界。人不会对完全未知的事物表示出兴趣，但在模模糊糊地理解了一些后，也就开始渐渐理解区块链之类新事物的厉害之处了。在今天的面谈之前，我认为她只不过是个"技术宅"，但是现在感觉看到了她真实的样子。到这里，我已经无法压抑自己的好奇心了。关于区块链和智能合约，听她讲一会儿了，突然产生了几个简单的疑问。

"这些都是怎么管理的？"面谈时间有限，但是好奇心促使我开始了提问。

"具体说？"

"虽然不是很清楚，但是需要维护吧？智能手机的应用程序是频繁更新的。"

"这个呀，大家一起投票决定的。"

果然，智能合约、区块链这类新事务没有辜负我的期望。刚才还在谈论钱的话题，突然又转到投票。

"嗯。不太懂你说的话的意思。"

她没有看我，边敲计算机键盘边说："开源软件，谁都可以使用，但被人随意修改的话就不好了。因此，想要修改的话，需要大家一起讨论后用投票的民主方式决定。不是由某个人或某个小群体来做决策，而是体现大家一起决策的价值观。"

"投票是怎么进行的？谁都可以吗？"

"投票的话，大多数情况下要用代币。"她把计算机屏幕扭向我，屏幕上有很多图标，左上方写着 Snapshot。

"这是什么？"

"这是 Snapshot 服务，刚才说的可以投票和提交提案的平台。"说着，她点了一下刚才我看到过的独角兽图标，"这个是 Uniswap 的等待投票的提案一览表。"这样做，会怎么样"的提案被提出了，然后大家一起投票。"我看了看画面，确实有类似的图表显示了分别有多少个 Yes 和 No。

"谁都可以进行这个投票吗？"

"拥有管理代币的人可以投票。Uniswap 的话，UNI 是管理代币。"

"难道不是一人一票吗？"看着画面下方的投票数，我小声地问。

"不是。管理代币多的话，投票权就会大一些。"

"管理代币，在某个地方可以买到吧？"

"可以买到。在刚才那个 Uniswap 中，就可以买到。"如果只听对话的内容，那么完全就像是传销人员的推销。

"投票时用 Snapshot，没它就不行了？"

"也不是。有些协议会拥有自己的投票机制，投票方法也有很多。管理代币本来可以用钱来购买，但关于这种机制是否稳固的争论有很多。这方面内容就比较复杂了。"

我原来认为关于 Web3 的对话内容会是偏理工科的，但是现在谈论的东西还是很好理解的。大概是管理、投票这些话题更偏文科吧，比起函数之类的好理解多了。

"也就是说，现在的各种应用程序都采用集中式管理方式，而这个协议采用分布式管理方式。"

"是这样的。"

"区块链、智能合约之类的话题，刚开始感觉是偏技术的，现在觉得其实是偏文科的，挺让我意外的，还挺有意思的。"

"它们也经常被说成'综合格斗'。"

我不经意地看了看表，13 时 25 分。再多问问她工作上的烦恼就好了。她这样的话应该没什么烦恼吧，我这样说服自己，然后在记事本上留下这样的记录。

2.3　去挑战 Web3

"咚咚"，听到有人在敲墙，转头一看，部长轻轻地走进来。"气氛很热烈呀！"这完全变成了打着面谈旗号的学习会了，是不是部长在旁边看得不耐烦了，过来提醒呢？（糟糕，有可能搞砸了……）正在这样想的时候，部长说出了让我很意外的话。

"想让你用 NFT 做一个新的促销方案，怎么样？"

"哎？"

"公司正在尝试用 NFT 开发出新的业务，在考虑让她参与，作为企划去推动的部分想让你负责，所以让你参加新人培训了。"

到这里，我才恍然大悟。部长让我参与新人培训，然后等着我的是一个对区块链很熟悉的新人。

"我也不怎么懂，就是那个，比特币之类的，对，是 NFT，我们公司什么都不做的话，有点说不过去，所以就拜托你了。"

感觉上司果然不懂。一个不懂的人把工作交给另一个不懂的人，这就是惯例吧。但是，就现在这种理解程度，公司还要尝试？咨询顾问也参加吗？

"唉，但是我就听到她说的那一点，还有，为什么是我呢？不是还有其他更懂技术的家伙吗？"

"你在说什么呢？四五年前，每次去喝酒的时候，你不是一直都在说比特币之类的吗？"

"唉，那时候怎么就说了呢……"

部长又接着说："期待你的有趣的企划。"

为了加强交流，有意让平时没有参与的部门来负责新人培训的规矩到底去哪里了？这下和这个新人的关系不就变成每天都要打交道的合作关系了吗？这就是集权方式决定事情的方法，彻底理解了！

"嗯，我知道了。"我勉强答应了。

"前辈，那就拜托了。"她开玩笑地说道。

技术进步大概是很可怕的，无论你是否愿意，所有人都会被卷入其中，然后不停进化。无论怎么说，这是工作，还是要下决心学习的。先去书店，不买几本这方面的书还真不行。

没想到我也一脚踏入了 Web3 的世界。或早或晚，你的工作或者生活中肯定会发生一些事情让你感受到 Web3 来到了身边。正如本书开头提到的，Web3 的进展主要发生在日常生活中看不到的领域，不太容易直观理解。不断出现的新词汇和新概念也是其难以被人理解的一个原因吧，同样也让我困惑。之后的章节会讲解 Web3 是什么，以及它如何改变世界。

第 3 章

Web3

的全景

3.1　关于 Web3 的 7 个热词

想要理解 Web3 的本质，需要从概念和具体内容两方面抓住要
点。首先，从一些具体的细节出发，切身感受 Web3 是如何渗透到
我们生活的方方面面的。然后，了解概念定义以及前后的逻辑关
系。这样比较容易理解 Web3 的真实情况。下面先简单介绍一下被
称为 Web3 行业的 7 个热词。

3.1.1　热词 1：NFT

NFT 是 Non-Fungible-Token（非同质化代币）的缩写，区块链上可以保持固有形式的代币。作为对比，有 Fungible-Token，通俗地说，就是比特币、以太币这样的加密货币（同质化代币）。以前，电子数据可以被简单复制，但无法证明数据的所有权。但是区块链的发明，电子数据可以变得有价值，这就是 NFT。换言之，我的 NFT 和你的 NFT 完全不同，但是我的比特币和你的比特币是完全相同的。NFT 这个概念是 2018 年左右在 dApps（基于区块链的分布式应用程序）游戏的热潮中产生的。养成游戏 CryptoKitties 成为当时的热门话题，游戏里的人物作为 NFT 展现出自身的价值，用户之间开始买卖它们。之后，DeFi（分布式金融）这个新领域在 2020 年左右开始在加密货币界成为讨论话题，并掀起热潮。当时，加密货币市值暴增，可以用加密货币进行投资，导致用户资产暴增，剩余资产也增加了。结果就是，以加密货币用户为首的一群人看到了 NFT 作为新的投资对象的价值。这里介绍一下 NFT 为世人所知的标志性事件。2021 年 3 月 11 日，有一个 NFT 的拍卖价格打破了历史纪录，竟然超过了 6900 万美元。它是艺术家迈克·温科尔曼（艺名为 Beeple）的一幅作品。他把自己几年时间每天画的画稿收集起来并做成 NFT，在拥有超过 250 年历史的佳士得拍卖行拍卖，以非常高的价格成交。其惊人的价格出现在世界各地的新闻上，NFT 这个单词也变得为一般人所知。NFT 可以实现以下事情。

- 即使是电子数据，也可以赋予其 ID。即使相同的 NFT，也可以像 001、002 那样去编号（唯一性）。

- 可以证明所有者。

- 即使是电子数据，也可以限制供应（稀有性）。

- 可以追溯并再次出售。

- 二次流通、三次流通产生的一部分利益可以自动转移给发行者。

- 利用 NFT 对特定内容或者社区进行邀请（代币限制）。

价值本身本来就没有界限和理论。我们已经认可了 NFT 的价值，并达成共识。而且，社区的存在得以构建品牌，并且产生相应的文化和价值。今后，虚拟世界和现实世界的界限会更加模糊，其背后是提供无形的社会价值的集体认同性、文化、社区，甚至我们自身也会代币化吧？接下来介绍一些主要的 NFT 实例。

1. cryptPunks

cryptPunks 是 Larva Labs 开发的项目。由 24 像素×24 像素的非常小的一万个独特的图像构成，被称为 NFT 艺术的鼻祖。2021 年 5

月 11 日，在佳士得拍卖行上，九部 cryptPunks 的作品以惊人的 1696.25 万美元总价成交，cryptPunks 因此一举成名。此后，它和四大代理公司之一的 UTA 签约，今后会在多种媒体上向世人进行展示。

2. NBATopShot

NBATopShot 和 NBA 合作，在 ELOW 区块链上生成和销售 NBA 球员的数字卡。这也是 NFT 成为热点的一个催化剂。像卡牌游戏一样，它是以包为单位出售的，采用线上销售方式，每次发售时都会线上排队抢购也成为人们热议的话题。在画面上"排队"会被可视化，赋予的购买权被限定在一定时间内，这种购买体验对人来说很新鲜。

3. Bored Ape Yacht Club

"2031 年，假设有一万个很有钱的猿猴，它们很无聊，它们会干什么呢？聚在沼泽地的俱乐部做些奇怪的事情。"以这样的剧情生成的 NFT 和社区称为 Bored Ape Yacht Club（BAYC）。在 SNS 上，看到猿猴图标的人应该不少吧，就是那个 NFT。猿猴的特征和设计是从 20 世纪 80~90 年代"朋克"摇滚和"嬉皮士"说唱中获取的灵感。NBA 球员斯蒂芬·库里花了 55 个以太币（当时价值 18 万美元）购买这个 NFT，当时也引起了热议。NFT 不但是艺术品，而且可以当作社区的会员凭证。如果利用好这个势头，那么世界上拥有 BAYC 的人可以形成一个类似于部落的集合。

2022 年 3 月，运营 BAYC 的 Yuga Labs 公司宣布收购运营 Crypto Punks 和 Meebits 的收藏品的公司 Larva Labs。此后，它宣布融资 4.5 亿美元，发布新的元宇宙项目 Otherside。它保有的猿猴的 NFT 可以作为 MMORPG（大规模多人同时在线角色扮演游戏）中的角色和替身使用。而且，它给每个 BAYC 的 NFT 所有者免费赠送 10,094 个独家的 Ape Coin。这意味着一只"猿猴"相当于 24 万美元。

3.1.2　热词 2：元宇宙

接下来介绍一下元宇宙。或许它是现在街头巷尾最热门的话题之一。元宇宙的定义因人而异，与 Web3 一样，也是一个意思容易变得模糊的词汇。对于它，甚至深奥到可以单独写成一本书。这里想要强调的是，元宇宙大致可以分成两类：VR 元宇宙和区块链元宇宙。虽然作者认为这两类元宇宙最终会融合在一起，但现状是因为各领域的背景不同，看待方式也因人而异，所以关于元宇宙的问题就没有所谓的正确答案。

VR 元宇宙是随着头戴显示器的普及而发展起来的。当时，

Facebook收购 Oculus Rift、HTC 发布 VIVE、索尼发布 PlayStation VR 等，众多硬件企业纷纷开始涉足这个行业。这些企业的目标是实现虚拟现实，开发了以头戴显示器为代表的各种技术，当时势头强劲，似乎马上就可以通过"欺骗"人的五感，让人们分不清现实世界和虚拟世界。为了照顾用户体验，需要提高显示分辨率，当时需要台式机级别的性能，而且需要用线缆连接。随后，只用移动设备就可以体验，而且设备变得小型化。想要普及开来的话，内容也很重要。很多现有的企业和个人开发者开始涌入这个行业，以游戏为主的内容开始涌现。不知从什么时候开始，AR（增强现实）、XR（混合现实，即 VR、AR、MR 的总称）这些词汇也开始不断出现在人们的视野中。

区块链元宇宙有什么特征呢？基于区块链，登录的时候需要"钱包"，这两个要素缺一不可。也就是说，用户体验是基于"钱包"的，所有的价值都可以通过"钱包"顺畅地进行交易。代币作为项目内的通货，项目上的内容作为 NFT 在数字世界中拥有自己的价值。Web3 语意下的元宇宙是基于区块链的。某一个企业独家提供的元宇宙仅仅是一个平台，基于区块链的元宇宙是超越平台的存在，类似于现实生活中的公共财产（为社会所有人共有和管理的财产）。为什么这样说呢？因为基于区块链的元宇宙的社区自治是托付给 DAO 这种组织形式的。这里提到的公共财产和 DAO 这两个术语会在后面讲述 Web3 本质的第 6 章和详细说明。

而且，元宇宙并不是描述单纯的虚拟空间，而是数字价值超过现实世界的过程，这样来看，会更容易理解元宇宙的本质。以前，只能通过报纸、杂志获取信息。随后，收音机和电视的时代来临，人们可以利用电波获取信息。接着，互联网出现，在网上度过的时间开始增加。随着智能手机的普及以及移动互联网的发展，人们将大部分时间都放在网上度过。年轻人在 Fortnite 上聊天，在推特上获取信息。不仅是信息，其他各个方面也开始从数字世界向现实世界迁移。

例如资产。痴迷于加密货币的年轻人会把大部分的资产以加密货币的形式持有，而不是法定货币。这些年轻人憧憬的不是购买劳力士，也不是开上法拉利，而是拥有一个有名的 NFT，然后把它设置为自己推特的头像。随着远程办公的普及，和从没有见过面的人一起工作已是很平常的事情。屏幕上对方的面孔有可能是用 Zoom 处理过的。SNS 上经常看到的照片对他们本人来说就是"真面目"，而真正的面孔已经不能代表自己了。

实际上，元宇宙的下一个趋势是可穿戴 NFT，也就是在元宇宙里自己替身的衣着。杜嘉班纳、法兰克穆勒等众多品牌开始涉足这个行业。在元宇宙的世界，为了树立个人现象，人们开始在穿衣打扮上讲究起来。现实生活中的价值观在这里不再适用，可以成为任何人，甚至超越人种和物种。充分利用元宇宙的特性，会产生各种各样崭新的建筑。元宇宙里没有建筑法规，可以尽情发挥创造力去创建一个"新世界"，这也是对社区的一种贡献。通过这种贡献获取报酬来维持生活也变得可能。下面介绍一些元宇宙的应用实例。

1. Decentraland

Decentraland 与普通的游戏不同，它将消费者和企业连接起来，双方都可以体验到全新的经济形态。格莱美奖得主 RAC 在 Decentraland 上现场打碟，各大品牌和 IP（Intellectual Property，知识产权）都开始在虚拟空间中提供自己的用户体验服务。虚拟城市（Genesis City）被设计为和华盛顿特区差不多大小，和真实的城市一样，根据商业、工业、居住要求，划分出各自的区域。它不仅是个虚拟城市，还是连接开发者和用户的场所。世界上最古老的拍卖行苏富比也设置画廊，在西班牙的伊比萨岛开设俱乐部。

2. The Sandbox

对于喜欢 Minecraft 之类模拟游戏的玩家，它是一个沙盒创造游戏的平台。现在，在 The Sandbox 元宇宙的"土地"上，利用 LAND 举行各种促销活动。其他公司和 IP 也会积极进行联合促销。有些公司会购买作为 NFT 出售的游戏内的土地，这会赋予周边土地价值。

3.1.3　热词 3：DeFi

DeFi 是 Decentralized Finance 的简称，也被称为分布式金融。在区块链上，它是指基于智能合约的金融服务。随着技术的发展，互联网开始渗透到金融领域，目前已经产生了很多易用的服务。这些也被称为技术金融。现在，用户已经可以随时随地利用应用程序查询自己银行账户的信息，可以随时转账。银行账户通过 API 和各种应用程序连接起来，完全不用在意实体的货币，就可以进行购物体验。这也被称为无现金支付，也是绝佳的用户体验的升级。

但是，这些都没有超过 Web2.0 的界限，管理的主体完全是某个企业，只要系统出现故障，用户就完全无法存取自己的资产。而且，结算手续费是因平台而异的，企业为了自身的业绩，会让用户背负各种风险。那么，在 Web3 的世界，又会怎样呢？没有所谓平台提供者和用户的关系，现在由各种法人提供的平台变成由世界各地的用户分散管理，这种构造很难产生所谓的中间机构。向 DeFi 迁移的本质正是金融领域方方面面开始向分布式迁移。以下是现在 DeFi 领域被关注的一些主要案例。

1）"钱包"：管理自己所持有的加密货币。

2）分布式"交易所"：代币的交易场所。

3）贷款业务：出借代币。

4）金融衍生品：利用代币进行衍生品交易。

5）离岸交易：代币买卖权利的交易。

6）保险：用代币进行保险商品的交易。

7）稳定币：在价格波动剧烈的加密货币市场上保持价格稳定。

8）聚合器：把所有 DeFi 的协议归纳起来以统一管理。

9）指数：衡量加密货币市场变化的指标。

在接受彭博社的采访时，以太坊创始人维塔利克·布特林被问到以太坊的"杀手"级应用的时候，他立刻回答 DeFi 是其中之一。而且，他一贯主张，相比基于现存技术的金融服务，基于区块链的金融系统会更加优秀，并且由此展开并做出了"加密货币就是未来"的回答。也就是说，现存的金融服务都是基于旧的技术，无论如何数字化，还是有很多浪费的地方，而且成本居高不下。即使到现在，股票交易也只能在 9~15 点之间进行，周末还不开市。对于银行账户，由于系统维护，因此无法取钱的事情也常常发生。但是，对于基于区块链的金融系统，也就是使用了 DeFi，这些问题都可以被解决。DeFi 可以做到全年免维护，不需要中间机构，半永久持续运转。了解一下案例，可以更容易感受到 DeFi 带来的冲击。

Uniswap

Uniswap 是编程 "马拉松"（程序员聚在一起，短时间集中开发出某个产品）大赛的产物，是一个加密货币自动交易的协议。以智能合约为中介，将用户余额设计成一个基金池来进行代币的交易，交易额已经超过了大型加密资产交易平台 coinbase（截至 2020 年 8 月）。

3.1.4 热词 4：GameFi

GameFi 这种叫法是 2021 年开始出现的，从 2017 年左右开始，区块链游戏终于被市场接受（产品市场匹配简称 PMF）。"收益耕作"（Yield Farming）是 DeFi 的一个重要应用。"收益耕作"是在 DeFi 上预存一些加密货币，为它提供流动性并获取收益的行为。在 GameFi 上，也有类似的操作。

虽然"收益耕作"有代币锁定期和单独的代币本身价格难以维持的问题，但是 GameFi 可以通过利用游戏的生态来维持自己的价值。在这方面，对于社交游戏产业发达的日本，还是很适合的。但是，代币的生态系统设计就很重要了，如果这方面有失误，奖励机制就会无法运转，用户就会很快流失。在 GameFi 上，Web2.0 和 Web3 的区别表现得淋漓尽致。社交游戏是运营企业获利的商业模式，而对于区块链游戏，所有参与者都可以赚钱。

这里向介绍一下 GameFi 流行的原因之一："奖学金"（Scholarship）制度的发明。人气很旺的游戏 Axie Infinity 采用了这个制度，并催生出 GameFi 这个组合词汇。正如字面上的意思，通过"奖学金"，用户在 Axie Infinity 上不用花钱就可以开始玩游戏。为什么会产生这种制度呢？

在 Axie Infinity 上玩游戏，需要准备 3 个专门的 NFT 人物，当时的价格是一个 3 万日元左右，因此初期费用就接近 10 万日元。这个游戏是在以越南为中心的区域流行起来的，越南的人均年收入大约是 20 万日元。游戏的初期费用就要 10 万日元，这对越南的用户来说非常困难，为了解决这个问题，"奖学金"制度被创造出来了。

将三个角色作为一个小组借给玩家，玩家可以不花一分钱就尽情玩游戏了，在游戏中获取的报酬将根据事先商量好的比例和"奖学金"提供者分成。"奖学金"制度被创造出来后，很多边玩边赚钱（Play to Earn）的 DAO 涌现出来，换言之，就是 GameFi 应用里以小组或社区为单位"对战"的"集团"。这些实体都是玩家和 NFT 玩偶持有者的社区，游戏的技巧和知识以社区与 NFT 的形式积累在 DAO 里面。Yield Guild Games 是这些社区中名气较大的一个，2021 年 7 月，它发布了自己的管理代币，一时成为热门话题。除

Axie Infinity 以外，它还参与了其他很多 GameFi，组成 "基尔特集团" 来赚钱。无论是 NFT 代币、元宇宙，还是元宇宙里的 GameFi 体验，它们的本质都是以代币为唯一奖励手段的社区活动，它们之间的界限很模糊。

1. Axie Infinity

Axie Infinity 是越南的 Sky Mavis 公司开发的养成型对战游戏。它以东南亚为中心，人气极高。其日用户破百万，有一段时间，月收入超过 250 亿日元。

2. STEPN

该应用程序提出了 "边走边赚钱"（Move to Earn）的口号，买一双 10 万日元（2022 年 3 月）的 NFT 鞋，可通过散步或者慢跑来健康地赚取独家的代币。"移动优先+Web3+大众容易接受的题材" 的组合方法使它获得了很高的人气，2022 年 3 月，其用户开始激增。代币经济的设计很优秀，游戏中可以使用的场景很丰富，代币价值不会轻易下跌，设计很简洁。早期，它在日本已成为热门话题，很多用户都是通过这个应用程序首次体验了加密货币。

3.1.5　热词 5：社交代币

社交代币为个人或者社区拥有，被用来获取加入社区的权利。

社交代币大致可以分成以下两类：个人代币，将个人本身代币化，以个人为中心形成一个社区；社交代币，为了特定目的成立社区，将参加权利代币化。可以很容易地发行社交代币的服务也开始出现了。现在出现了利用现有社交网络形成的人际关系网（或者称为社交图谱）来发行自己的代币的趋势。这种代币也被称为"粉丝"代币。下面稍微回顾一下历史。2016 年，比特币上出现的 Counter Party 协议让各种各样的代币的发行成为可能，此后又出现了基于社区的模因币。2020 年 5 月，年轻的创业家 Alex Masmej 将自己的价值以 Alex 代币形式发行。他住在巴黎，通过自己的自身代币筹集了 2 万美元，并成功移居旧金山，一时成为加密货币圈热议的话题。

1. RAC

格莱美奖得主、艺人 RAC 在 2020 年面向支持过自己的"粉丝"，发布了与自己同名的社区代币——RAC，还发布了限量 100 个，并可以兑换专辑《BOY》的限量版磁带的 TAPE 代币。2021 年 3 月 2 日，他成立了 NFT 创意机构"6 digital"，以艺术家和 NFT 区块链业界的领航者自居并进行各种活动。

2. Chiliz

体育团队或者电竞队员发布"粉丝"代币，然后以代币为媒介形成经济圈，Chiliz 是为了支持这个想法而成立的项目。"粉丝"代币可以在平台 Socios.com 上购买,该平台将自己的代币 CHZ 作为其唯一的基准货币,可以参加以 CHZ 计价的"粉丝"代币的公开募集,并且可以在二级市场上进行交易。CHZ 可以在 Socios.com 对应的应用程序内通过信用卡购买。

CHZ 也可以在交易所购买,在外部购买的 CHZ 也可以在应用程序内充值使用。职业足球俱乐部尤文图斯的"粉丝"代币 JUV 的拥有者可以通过投票来决定主场比赛进球的时候播放的音乐曲目。使用 1 个 JUV 代币可以对四个选项投一票。梅西转会到巴黎圣日尔曼 FC 的签约金的一部分就是用"粉丝"代币来支付的。

3. Rally

Rally 是一个可以生成个人代币的平台。其投资方包括足球运动员本田圭佑、coinbase 风投等。最近的 2021 年 5 月 B 轮 3000 万美元融资是由参与了脸书和 SLACK 的早期投资的知名风投机构 ACCEL 领投的。在 Rally 上买卖个人代币的时候,需要另外发行的 Rally Token,这种机制导致社交代币发行量增加,交易额增加会导致 Rally Token 的估值提升。

3.1.6 热词 6:DeSci

进入 2022 年,DeSci 领域开始引人注目。它是 Decentralized

Science 的简称，即分布式科学。DeSci 希望利用加密货币技术来解决融资、出版中介等困扰科学界的难题。例如，在生物科技领域，因为它和延长人类寿命密切相关，所以投资回报率很高。亚马逊的创始人杰夫·贝佐斯、支付巨头 PayPay 的创始人彼得·蒂尔等很多世界级 IT 企业的创始人都开始关注可以延长寿命的生物科技，并投资该行业。以生物科技为中心，科学界也开始向 Web3 迁移。理解科学界以下课题对理解 DeSci 来说很重要。

1）研究人员将很多时间花在准备申请研究经费的材料上。

2）研究人员倾向选择那些短时间可以出成果，并且容易被评价的课题。创新的研究很难获得奖励。

3）科学本该是世界的公共财产，但是在世界范围内完全没有实现，而成为国家竞争、企业竞争的工具。

4）基于上述情况，出现了呼吁"开放的科学，人人都可以自由获取研究或调查成果"的运动，结果却是权力集中到以《Nature》为代表的出版社那里。

鉴于这样的背景，知识和筹集到的资金如何作为社区的资源进行共享，去掉现在社会构造上的各种中介，怎样让项目和研究者拥有自主权，这些探索都是必不可少的。这就是用 Web3 来尝试的原因。虽然现在是以生物科技为中心的，但是整个科学界将来向

DeSci 的迁移是会加速的。现在已经出现了 VitaDAO 这样的项目。

为了解决老龄化带来一定的经济负担这个深刻的社会问题而成立了分布式研究 DAO。VitaDAO 作为一个人人可以参加、支持的开放的社区 DAO，是以为长寿领域进行新药研发、研究数据获取以及融资为目的的。初期，新药的知识产权以 DAO 的形式直接被持有，然后计划扩展到知识产权和数据资产等其他领域。

3.1.7 热词 7：ReFi

ReFi（Regenerative Finance）是指再生金融的新领域。由于 DeFi 的普及，加密货币界的资金可以快速、无缝地流动。全年无须管理，代币就可以半永久地自动流通。这是人类史上全新的，可以改变整个社会的范例变迁。另外，从人类历史上最高视点来审视社会问题的时代也快要来临。现在，"碳中和"这个词汇开始出现。地球上现在出现的大部分生态危机毫无疑问都是人类造成的。

人类社会现在的过度发展带来的问题在加密货币出现后，继续恶化的风险也是很大的。我们现在的社会经济系统是基于生产和消费的视点建立起来的，没有考虑污染和自然资源的成本。结果导致有限的自然资源被消耗殆尽，而且对地球造成了毁灭性的影响。在这种情况下，如何尊重自然，如何将环境成本、自然保护和恢复等相关的利益统筹到一个统一的通货系统中，如何通过一个通货系统把经济发展和生态系统的恢复关联起来，为达成这些愿景的项目就是 ReFi。

货币通过什么来证明自己是货币这一点很重要。在黄金作为货币的时代，黄金的开采已经有一定的发展，以自然资源为保证的货币来进行经济活动的话，经济增长带来的黄金流通量应该是和受保护的自然资源的开采增加互相绑定的。

如果是法定货币，那么各种条例的制约使想统筹成一个统一系统变得非常困难。代币的发明使得自然资源可以代币的形式在各个社区的经济圈流通，各种自然资本也因为有背后的代币作为担保而可以保存。ReFi 可以被看作一个集结了全人类智慧的领域。Web3 拥有重塑整个人类社会的潜力。

Klima DAO

该项目是致力于改善发达国家之间温室气体削减量的碳积分交易的流动性、透明性以及资本效率的 DAO。通过提高碳补偿的参与率、提升需求来提高气候变化项目的收益率，并促使企业更早适应气候变化的现实。

3.2 支撑 Web3 的公共区块链

今年，关于 Web3 的新的热词不断涌现，人们对新出现的市场感到兴奋，TVL（Total Value Locked，某个 DeFi 协议锁定的资金总额）开始增加。这时，不能忘了 Web3 的基石——区块链的存在。这里想要传达的信息是区块链的生态系统支撑了 Web3。想象一下表的样子，表中的列是到现在为止列举的 7 个领域，行就是各种各样的公共区块链。行和列的数目的乘积就是新的机会的数目。在 Web3 领域创业，不仅要考虑创业方向，还要同时考虑在哪个区块链的生态系统上发布自己的协议。下面这些链比较出名。

- Ethereum。

- Polygon。

- Solana。

- Avalanche。

- NEAR。

- BSC。

- Flow。

- Gnosis Chain。

- Polkadot。

这些链都有自己的生态系统。生态系统由贡献者（创始人、工程师等）、数据库（情报和技术）和资金（生态系统创造出来的资产或者融资）组成。现在，各个链之间一边互相竞争 TVL，一边构建自己的经济圈。因此，领域和链的数目繁多，想实时把握 Web3 的动态是很困难的，但是又让人兴奋。

3.3 Web3 的价值观

Web3 这个领域诞生不过区区数年。虽然只是少量的，但是已经开始慢慢地渗透到我们社会的方方面面，而且表现出作为解决社会问题的一种方案的可能性。Web3 的价值观和纯素食主义类似。纯素食主义是指完全不吃乳制品类、禽蛋类、肉类等食品。尊重类似这样的价值观是个人自由，由自己做主。现在越来越多的店铺开始提供纯素食。也就是说，整个社会都在逐渐接受纯素食主义。Web3 也是类似的状况。现在的感觉就像是纯素食主义出现的早期，就社会层面来说，从整个世界范围来看，Web3 都是很小众的概念，是一种很难被接受的价值观或者现象。另外，察觉到或者到受到影响的人开始慢慢一点点加入 Web3（实际上，世界上的很多巨头公司陆续开始涉足 Web3）。如图 3-1 所示。

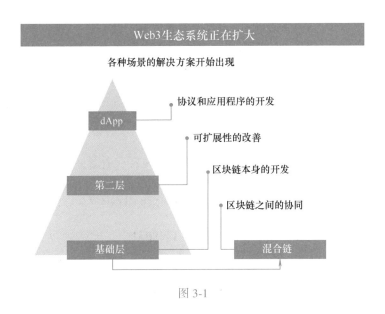

图 3-1

Web3 经常被拿来和 Web2.0 对比，作者认为，它们是可以共存的，而且向 Web3 的转变也不是一蹴而就的。Web3 刚刚诞生，如何去适配这个社会，整个行业都还在摸索中。Web3 慢慢地融入社会，应该能解决那些 Web2.0 无法解决的问题吧。

第 4 章

个人拥有所有权
的世界

4.1　个人被赋能的 21 世纪 10 年代

　　我们现在正处于进入 Web3 时代的前夜，为了更好地理解这个
变化，我们先来回顾一下 21 世纪 10 年代前半段的互联网。2010 年
左右，伴随着 SNS 的普及，互联网开始发生变化。21 世纪 10 年代
前半段，推特、脸书、领英等社交媒体开始出现。当时，"平台至
上"主义盛行，整个行业的趋势是如何把更多的用户留在平台，以
及争夺用户的时间。平台之间的竞争达到白热化程度。在日本，也

出现了很多社交网络服务，但是后来都被淘汰了。21 世纪 10 年代后半段，转变为互相连接的互联网，出现了一些新的应用，并带来新的用户体验。其中的代表要数 TikTok 和 Instagram。

TikTok 可以被看成一个最近流行的短视频文化的应用的完成体。刚开始，它将视频的长度限制在 15 秒之内，这个限制反而让短视频 "火" 起来了，并成为热门话题。Instagram 上出现了一些 "网红"，影响力甚至超过某些明星。Instagram 本身已经超越了社交网络，甚至成为在网上获取身份认同的手段。之后，YouTube 博主成为小孩子向往的热门职业。社交媒体已经从单纯的社交转变为个人表现的 "舞台" 和赚钱的工具。而且，各个年龄层的用户价值观割裂严重，被称为 "Z 世代" 的千禧一代的时间已被优化到极致的平台剥夺殆尽。结果就是怎样提供给用户最简单、易懂的内容成为决定胜负的因素，大多数情况下都是依靠精致的内容或者企划来取胜。但是，这和当初人人都可以互相连接的初衷背道而驰，完全变成了依靠技巧内容取胜的 "游戏"。YouTube 的内容越来越刺激、剪接越来越巧妙就是一个很好理解的例子。在这种情况下，对于普通用户，发布内容的难度变高了。

这一系列变迁可用一句话来总结：21 世纪 10 年代是个人被赋能的年代。21 世纪 10 年代，随着给个人赋能的各种 SNS 的出现，更多的人意识到应该以自己的方式和这个社会打交道。现在，各种平台当然对很多人都产生了正面影响，但还有很多功能没有实现，有些甚至还产生了负面影响。以互相比拼"粉丝"的数目来彰显自己的影响力，这种激烈竞争的尽头有什么在等着我们呢？对于某些人，是"幸福的天堂"，但对于另一些人，就是优胜劣汰、弱肉强食的"丛林世界"。和 21 世纪 10 年代一样，在本书的主题——Web3 里，给个人赋能也是一个专题。但是 Web3 的个人赋能终点，既不是弱肉强食的"丛林世界"，又不是资本主义的"金钱游戏"和贫富分化的"金字塔"社会。技术进步带来劳动效率的进一步提升，Web3 可以实现人类社会应该追求的道德社会。

4.2 所有权的可转让使以用户为主导的社会成为可能

Web3 究竟如何改变我们的社会？

理解 Web3 的关键在于理解共享经济到所有权转让经济的价值观变化这个点。在 Web3 的所有权经济中，用户也是服务的提供者。而且服务的所有权，变成以用户为主导，就像股份公司的股东那样。图 4-1 将 Web1.0、Web2.0、Web3 加以对比。

用户的角色在发生变化

Web1.0 用户

Web2.0 使用权，发布信息

Web3 所有权，用户

图 4-1

首先把焦点对准 Web2.0 共享经济，然后介绍从共享经济向 Web3 所有权经济转变的过程。共享经济本来就是将社会上闲置的资源让大家共享，而不是去购买，达到物尽其用的目的。伴随共享经济的兴起，诞生了很多知名企业，其中较为出名的是 Airbnb。它在空闲房产或者酒店客房提供者和利用者之间提供匹配服务，为个人之间的交易提供中间平台服务。随着共享经济的普及，个人之间的交易也变得很普遍。在共享经济出现之前，客房是被经营酒店的企业或者个人所持有的，只有经营酒店之类的企业才会将它出租以获取收益。随着互联网的普及，将家里空余的房间共享出去的文化开始出现。但是，当时个人之间的交易存在很多风险。国内暂且不说，在国外，对一无所知的地方，即使价格再便宜，风险也大得让用户望而却步。这时，Airbnb 以个人之间交易的中间平台形式出现了，并解决了之前的很多问题。Airbnb 的出现使得出租这种形式可以根据用户过去的使用记录来评估其信用风险。也就是说，Airbnb 作为一个平台，制定了规则来预防出现恶意的房东和租户。

随着共享经济深入人心，用户的价值观发生了很大的变化，也就是信任的方式发生了变化。在区块链领域，信任是一个很重要的概念。对于共享经济，评价信息都是在线公开的。根据评价来做决定这种共享经济的价值观已经很普遍。根据品牌或者大企业的"光环"来做选择的情况在减少。这里简单解释一下"无须信任"这个概念，这个术语在区块链领域经常被提起，是指双方不需要任何信任，就可以进行交易。例如，对于在比特币上运行"挖矿"软件的人，以及进行交易的人，他们之间的个人信息都不会相互公开，即不需要互相信任，只需要按照约定的规则就可以进行交易。这就是"无须信任"的说法的由来。其实，作者认为，这不是不需要信任，而是信任的程度发生了变化而已。下面把话题转回信任应该有的状态吧。回顾一下信任的历史，随着时代的变化，信任也在发生改变，如图 4-2 所示。从这个图中可以看出，在"应该信任谁"这个课题中，信任的尺度变得越来越小。

基于政府或者行政机构的信任称为制度信任。接着是基于

各种应用程序对信任程度的变化历史

1. 制度信任
   政府

2. 平台信任
   Facebook、Airbnb和Uber

3. 协议信任
   公链上的各种协议

图 4-2

Airbnb 这种平台的平台信任，让个人之间互相信任。最后是基于
Web3 的协议信任。刚才提到的基于 Airbnb 这样的平台的平台信任，
需要首先信任应用程序或者运营企业，而协议需要的信任对象会更
少。这里的协议可以被认为是事先约定好运行规则的软件。基于软
件的信任最小化，在使用某个服务的时候，需要信赖的不是提供这
个服务的企业，而是信任这个服务的软件本身。这就是协议信任。
要举例的话，就像是我们可以对 Instagram 的运营企业 Meta 一无所
知，但是仍然可以放心地使用它。这时，信任尺度的变化应该会对
用户赋能吧。相对于企业主导，更小限度的信任，个人主导的社会
会更好。在未来个人主导，谁都可以拥有所有权的社会中，一个共
享经济之后新的经济圈将会逐渐形成。

4.3　平台不再可以轻易驱除用户

理解了信任的尺度的变化，我们把话题转回区块链的变化趋势。虽然第 3 章对 NFT 的基本概念进行了说明，但是希望大家对包括 NFT 的代币的持有方法有更加深入的理解。"持有 NFT"究竟意味着什么？"持有 NFT"不仅仅是指在 NFT 市场上购买，而是意味着自己真正拥有 NFT。通俗地说，就是把 NFT 的代币放进一个区块链上大家都认可的"钱包"里。"钱包"就是管理 NFT 或者代币的应用程序，可以认为用软件来提供电子"钱包"的功能。例如，别人把 NFT 发送到自己的"钱包"中，可以在"钱包"应用软件查看是否收到。这种基于钱包方式的拥有，是 Web3 价值的核心。对于自己"钱包"里的代币，只要"钱包"的主人不"签名"，也就是不允许某个操作的话，就不会被转让。"签名"是指"钱包"会询问"允许在'钱包'上执行这个操作吗"，然后"钱包"的主人选择是否允许执行的决策过程。而且，这个"签名"过程没有第三方中介机构参与。

"钱包"主人可以直接许可，不经过平台是 Web3 的一大特点。

例如，你不小心把自己心爱的 NFT 艺术品送给别人了。这时候即使你和对方取得了联系，对方只要不主动还给你，你就没有其他办法取回来。这就是 Web3 是一个个人拥有所有权的 Web 的原因。所以，NFT 是一个个人完全可以拥有的资产。而且它并不仅仅是一个数字财产，这点请注意。Web3 之所以被称为具有自主权的 Web，是因为数字物品、虚拟货币等所有可以在区块链上表现的代币都变得可以拥有了。这不仅限于 NFT，而是公共区块链上所有资产都适用。碰巧 NFT 是人人都可以理解的，但是也仅限于理解。这难道不是所有权的一种创新吗？以前的所谓"拥有"，实际上，大多数情况下，是一种拥有的感觉或者某个平台对这个拥有进行保证而已。在游戏中购买的装备，不过是游戏企业的数据库上的一个购买记录罢了，游戏开发商不再发布这个游戏的话，装备的数据就有可能永久消失。以前，不经过某个平台就可以证明所有权的就只有物理形式存在的物品，不经过平台来证明所有权的方法不存在。但是，随着以比特币、以太坊为代表的公共区块链的出现，使得不经过第三方平台的服务就可以证明所有权成为可能。就像美国前总统的社交账号被 SNS 服务商删除那样，企业会根据特定的规则来对某个账号做出冻结、删除的判断。这种判断很难说一直很公平。

当然，有时，企业有可能错误地做出冻结账号的决定。但是，在 Web3 中就不会出现这种情况。Web3 上的规则是被称为协议的软件来提供的。在前文已经简单地说明过，协议就是被称为智能合约——自动执行的软件程序本身。程序内部提前设定了一些规则，包含这些规则的程序会按规则执行诸如 "A 执行完了执行 B，B 执行完了执行 C" 这样的操作。这些操作在区块链上每天都会自动执行，这就是智能合约。这时，智能合约并不是单指程序本身，而是指包括规则的被升华为协议的整体。

这种基于协议的规则使用户可以不依附于平台就可以享用各种协议和服务。在 Web3 的社会中，用户再也不会被平台或者运营企业的意向左右，用户不会被驱除的社会即将到来。

4.4 以所有权为中心的互联网社会

以所有权为中心的经济逐渐成为主流，个人会更加被赋能。用图 4-3 来说明其理由。

正如之前所说的那样，Web3 上非常重要的一点是用户可以获得所有权。而且，用户不再单纯地是使用者或者顾客，而是作为协议的众多所有者之一去参与，这是 Web3 的特征。以所有权为中心

Web3上用户成为所有者		
	用户信任的对象	用户的含义
Web2.0	平台	顾客
Web3	协议 （伴随着规则公链上 的智能合约）	所有者

图 4-3

的经济生态是基于以下两点成立的。第一，在被称为公共区块链的比特币、以太坊上，谁都可以验证其上发生的交易；第二，某个 NFT 或者数字物品究竟归谁拥有，转给自己的钱是否到账，这些情况用户自己就可以检验。

在 Web3 的所有权社会中，个人可以把 NFT 放进自己的"钱包"来拥有它。用户不用承担某个服务被停掉的风险。例如，在 NFT A 的制作发行公司因为业绩不好而停止服务的时候，用户仍然可以通过"钱包"来持有这个 NFT。正如这样，自己"钱包"里的东西是实实在在属于自己的。其他游戏公司在其自己的 NFT 卡牌游戏上也可以容易地对 NFT A 所有者提供优惠。这样的话，即使是服务终止的 NFT A，也可以继续在其他游戏上使用。就像这样，NFT

本身和它能在哪个游戏或者服务里如何使用是分开的。即使是别的公司发行的 NFT，也可以在自己公司的服务里选择兼容它。Web3 的这种开放机制和现在的 Web2.0 相比，无疑是一个很大的创新。不为平台所左右，就可以拥有数字物品，拥有所有权这种行为的价值相对来说增加了。读者应该理解这一点了吧。在这种 Web3 式的所有权社会里，商业和服务的概念本身将发生很大变化。

创造商业模式的方法会首先发生变化。所谓的 B to C 这种面向个人的商业模式受到的影响很大。在 Web3 中，如何降低成本，以及如何获取更多的用户都变得不重要了；如何让项目受到喜爱，以及如何获取用户的支持，才是重要的。因此，合作者的价值不是体现在数目而是质量上。对于 Web3 或者 NFT，社区被认为是非常重要的。为什么这么说呢？与内容相比，社区更容易宣传自己的价值。在 Web3 时代，社区不单纯是"粉丝"俱乐部，而是项目的所有者的集合地。这种作为所有者集合的社区，可以进行更加自主的提议、行动，无须谁的指令，社区自发的行动是必要的。而从服务的观点来看，服务提供方和顾客这种构造开始向所有相关的人都是所有者的方向转变。这种世界观的转变在构思新的服务的时候是必需的。而且，通过和社区对话，将社区的发展往理想状态引导变得有必要。

第 5 章

从竞争转向

共创

Web3 上的平衡很重要。拥有所有权的人形成"集团"的一个

重要原因就是，如图 5-1 所示的那样，所有人都必须是出资人。在

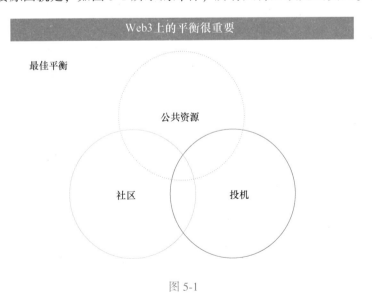

图 5-1

图 5-1 中，特意使用了具有"投机"含义而不是"投资"的单词
"Speculate"，原因有以下三点：①具有一定的投机性；②要同时形
成社区；③适合从长期的观点来看待。只有具有这三个要素，才是
我们应该奔向的以所有权为中心的未来的互联网社会。

5.1 从社会角度看待 Web3

Web3 作为一个描述以区块链诞生为契机产生的新趋势的术语
而被广泛传播。因此，很多人对它的印象应该是以技术为主导。虽
然不想使用区块链、智能合约这些术语，但是没有这些基础技术知
识的话，是无法准确理解 Web3 的。因此，需要理解这些基础技术
知识，不仅局限于 Web3，机器学习、人机接口、基因组编辑等一
些前沿技术也是需要的。这些技术对很多人产生了巨大的影响，而
且今后应该会变得更加显著。也就是说，我们需要去思考如何与技
术打交道。技术可以被看成借助外力实现人们所愿的技能的一种手
段。人类从遥远的古代就开始使用技术来努力让自己的生活更加美
好。据说人类最先掌握的技术是使用石器。从遥远的 250 万年前开
始，人类就开始使用技术，追求更加安心安全和方便的生活，不停

地开发并改良技术。但是，在自然界的动物世界中，采用这种生存战略的物种是没有的。鸟为了飞行而长出了羽毛，鱼为了游泳而将自己变成流线型。但是，人类不会去改变自己的样子，或者增强自己的躯体，而是让自己的大脑更聪明、双手更灵活，以便制作各种工具，让那些不可能的事情变为可能。想"飞行"的话，就造出飞机；想在水里"畅游"的话，就造出船或者潜水艇。就这样，人类不是强化自己本身，而是借助外力来让不可能的事情变得可能。如上所述，技术对社会产生的巨大影响是显而易见的。为何如此呢？社会是由人聚集在一起而形成的，每个人拥有的能力是这个社会的基本组成部分。

例如，当人类获得了在天空"飞行"的能力后，就会形成一个以飞行为前提的社会。事实上，现在乘坐飞机在国内外旅行是很普遍的事情，并且很多商业和社会生活都是以此为前提而运转的。例如，假设人类有了心灵感应的能力，那么整个社会会发生相应的改变，那时的技术水准或者状态也会对社会产生大的影响。

如果技术对社会的状态可以施加影响，那么以 Web3 为代表的一系列技术究竟如何对社会产生影响呢？Web3 应该被看作互联网历史上的一页，应该是和互联网、计算机、万维网等技术处在同一条线上。所以，想要考察 Web3 对社会产生的影响，就必须看看互联网历史是如何对人类社会产生影响的。在本章中，我们会把 Web3 之前的技术发展历史放在心头，同时看看 Web3 是怎么对我们的社会产生影响的。

5.2 互联网这个公共财产

互联网本来被期待成为全人类共同利用的基础设施。互联网不需要任何人的许可，随时都可以自由使用。而且，现代社会方方面面都从互联网获益匪浅，这都是很清楚的事实。使用互联网和使用自来水、道路极其相似。从这种观点来看，就像人们生活中必不可少的自来水、道路等基础设施一样，认为互联网是人们自己创造出来的也毫不过分。根据日本总务省公布的《令和 3 年情报通信白皮书》中的数据，日本互联网的使用比例为 83.4%，想找到一个完全不使用互联网的人反而很困难。此外，智能手机的互联网用户比例为 68.3%，计算机用户的占比为 50.4%。通信设备变得小型化，便于携带，使得在更多的情况下可以使用互联网。这也是互联网如此普及的一个原因。将视线移到世界的话，日本之外互联网普及率的增长速度是超过日本的。据 Internet World Stats（收集互联网普及率的统计数据的服务商）的数据显示，2021 年 3 月 31 日这个时间点的普及率如图 5-2 所示。

世界互联网普及率和增长率

地域	普及率	增长率（2000~2021年）
亚洲	63.8%	2,316.5%
欧洲	88.2%	601.3%
非洲	43.2%	13,058%
拉丁美洲、加勒比	75.6%	2,658.5%
北美	93.9%	221.9%
中东	74.9%	5,953.6%
大洋洲	69.9%	298.7%
全世界	65.6%	1,331.9%

数据来源：Internet World Stats

图 5-2

全世界大约 65% 的人使用互联网，近 20 年来增长了大约 1,332%。世界上超过半数的人在使用互联网，这已经很令人吃惊了，更令人吃惊的是，非洲地区的增长率远超其他地区。其中的原因有很多，基础设施不健全的地区在追赶起源于发达国家的技术上具有的后发优势被认为是其中之一；此外，无线通信技术的进步，无须耗费高额成本铺设线缆，就可以连接上互联网，发展中国家反而可以更快速地普及互联网。这些发展中国家或者地区，虽然没有有线网络，但是人们往往都拥有智能手机。非洲地区还存在很大的增长空间，今后应该还会快速发展。尽管地区之间有差异，但是亚洲、拉丁美洲、加勒比、中东等地区也呈现高增长态势，因为这些地区人口众多，普及率的提高对互联网使用人口的增加产生了立竿见影的影响。2020 年年初，新冠疫情开始爆发，并发展成世界大流行，世界经济活动不得不进行数字化转型。远程办公的推广、配送服务的快速发展、电子支付的引进都是很好的例子。为了应对这个意料之外的灾难，这些转变在一年甚至几个月的时间内就完成了，毫无疑问，互联网的存在才使它变成可能。事实上，根据野村综合研究所 2020 年 5 月发布的报告，由于紧急事态宣言的发布，在家的时间变长，使得所有年龄段的人在 1 月~5 月的每天上网时间增加了约一个小时。2020 年 3 月~5 月，互联网使用率增加了 6%，这甚至超过了过去两年的增加率。利用互联网或者手机应用程序的运程在线医疗开始变得完善，对在线医疗的认知率超过六成，实际上，大约有一成的人正在使用。正如报告所述，数字化在飞速发展。该报告还称，本来需要几年的数字化进程在这两个月就完成了。无论结果是好是坏，新冠疫情大大加快了数字化转型的进程。

　　虽然这份调查的样本是基于日本人的，但是即使考虑其他执行了严格抗疫政策的国家之后，其他国家的情况应该也差不多。就像这样，互联网是人人都可以利用的，就像空气和水一样从根本上在支撑着这个现代社会。长期来看，它会促进社会变化，并像这次新冠病毒大流行一样，让人们可以快速应对紧急状况。

5.3　开源文化

互联网作为公共财产，任何人都可以使用，同时意味着人人都可以参与它的发展。维基百科就是一个通俗易懂的例子。不言而喻，它是一个信息共享的网站。通过互联网，人人可以对它进行查阅、编辑。在本书写作的时候，其英文条目有 644 万条，日语条目有 130 万条。从 2001 年 1 月 15 日开始，经过大约 21 年，全世界的用户自发地做出贡献，构建了这个巨大的信息宝库——维基百科。而且，维基百科的运营费用全部依靠捐款，用户无须付费。在互联网圈子里，有自由贡献、共享的文化，以这种形式开发的软件被称为开源软件（OSS）。开源文化表现在 IT 工程师基于开源软件开发之后，再开源对外公开。OSS 背后的互助精神，推动了这个行业的发展。OSS 的活动不仅包括开发的过程，还包括开源软件的使用方法的说明、教育推广等活动。对于 IT 工程师，使用 OSS 可以安全、快速地进行开发。在成本、工期和技术等众多约束条件下，IT 工程师需要尽快在保证一定质量的前提下完成开发。在开发系统的过程中，很多时候会重复使用某些功能模块。例如，保存数据的数据库的管理、通过网络提供服务的服务器和加密处理等。对于这些功能模块，如果从零开始开发，那么考虑到各种条件的限制，完全不现实。因此，工程师会提前安装一些 OSS 来获得一些必要的功能，然后根据自己的需要再添加一些功能，通过这样的组合来开发出一个系统，以解决某个特定问题。

因为 OSS 的开发过程暴露在众多工程师的面前，所以大多数情况下，若发现漏洞，很快就会被修复，各种各样的便利功能也会被快速添加。也就是说，开源软件是经过时间检验的产物，和我们自己开发的软件相比，无论是性能还是安全方面，都要好很多。使用 OSS 可以被看作站在巨人的肩膀上。Linux 操作系统可以被看作 OSS 的一个具体例子。操作系统是控制计算机的软件，我们日常使用的计算机或者其他设备里都装有某种操作系统。例如，Windows 或 macOS 等都是企业开发的操作系统，而 Linux 是一个开源的操作系统。作为一个开源社区主导开发的操作系统，Linux 和微软、苹果公司等大型科技公司开发的操作系统旗鼓相当。互联网的出现，产生了各种各样的开源文化运动。从知识共享的"百科全书"到品质上不输科技巨头的开源软件，都成为现实。互联网以及以互联网为基础的开源文化，通过人之间的合作，发展到一个远超互联网出现之前的高度。

5.4 IT 革命和空前的商业机遇

互联网出现之后，开源软件支撑这个行业发展，普通大众也享受着互联网带来的好处。以 2000 年左右为界，互联网商业化飞速发展，变化之大以至于被称为 IT 革命。大量的资金涌向互联网相关企业，这个产业完全成长起来了。后来，这些海量的资金促使网站和电子设备急速普及，随着计算机用户的增加，互联网的访问量也急剧增加。然后，史上罕见的商业机遇来临，我们现在熟知的很多互联网服务都是这个时候出现的。较为典型的就是搜索引擎。无论是互联网还是网站，它们本身只是作为信息的载体而存在，单独看起来并没有太大的价值。事实上，早期的互联网和网站甚至被看作"垃圾堆"。搜索引擎就是为解决这个问题而被发明的。goo、Google 这些搜索引擎把互联网上各种各样的信息通过算法进行整理，让这些信息产生了价值。随后，更多的服务开始出现，我们的生活也发生了很大的变化。这一系列的动向被叫作 Web2.0，显而易见，它对社会产生了巨大的影响。

例如，在 21 世纪 00 年代初期，互联网相关产业出现了很多名不副实的投资，后被揶揄为互联网"泡沫"。2000 年的前后两年，一个年轻人使用一些难懂的词语开个说明会就可以轻松拉到投资。当然，这种情况没有持续多久，2001 年左右，"泡沫"破裂，很多初创公司倒闭，这在某种程度上辜负了人们对互联网改变世界的期望。20 世纪 90 年代末期，美国利息较低，融资很容易，这就导致初创公司激增，受此影响，爱尔兰和印度等国家的经济快速增长，后来这些国家以"IT 立国"而出名。而且，创新成为经济增长的关键，各国都开始支持创业，并对初创公司进行支持。各国政府制定发展战略，对互联网和数字技术相关产业进行扶持，并动用财政资金。日本政府也修改法律，极大地降低了创业的门槛。这些经济、政治方面的进步，让创业成本大幅下降。用数字技术进行创业，大多数情况下，初期并不需要大额的投资。例如，在网上开店，不需要租赁店铺，也不需要雇人常驻在店里，租借服务器或者招募几个工程师就可以小规模开始了。因此，先用少量的员工，并以低成本开始，再慢慢发展壮大的这种模式成为创业的主流方式。而且，这个时期，风险投资的存在感越来越强。对于互联网的初创企业，由于其本身的性质以及外部环境的变化，因此大多数都是机动灵活的小团队。而且，初创公司数目增加了，要甄别出成功的企业就变得很重要。从投资人的角度来看，尽量早地找到有成长潜力的公司并投资变得愈发重要。风险资本会向初创企业提供资金、人才、关系网等资源，希望在它发展壮大后退出以获取巨大的收益。这样，互联网不但本身未来可期，而且带来了巨大的经济、政治影响。

5.5 竞争产生的价值和互联网

互联网的影响力已渗透到各行各业，其影响范围之广，可以说，没有一个行业不受其影响这样的说法一点不夸张。这些扩张的动力源于竞争机制。就像 5.4 节介绍的那样，很多创业者和投资人发现这些空前的商业机遇，推出了各种各样的服务。商业上的竞争让企业互相比拼，产生了新的价值。换言之，这种竞争机制促进了产业的发展。此外，互联网让信息可以自由交换，这使得善于利用网络的人和不擅长的人之间产生了巨大的差异。2000 年开始崛起的企业，现在位居企业价值排行榜的前列。正如前面介绍的那样，在互联网"泡沫"之后，各国政府都开始扶持作为创新起点的初创企业来促进经济发展，而且起到了一定的成效。其中，一些发展中国家在竞争中胜出，经济快速成长。其中，印度成长为数字经济大国。微软、推特、谷歌、IBM、Adobe、Palo Alto Networks 等硅谷知名企业的高层很多都是印度人。中国也有比肩硅谷这些企业的公司，如 BAT（百度、阿里巴巴、腾讯）、TMMD（今日头条、美团、小米、滴滴），有时候这些企业的风头甚至会盖过硅谷那些大公司。

但是也有不同的观点。互联网本来不应该是公共财产吗？话虽如此，但基本上，在所有情况下，我们都是通过高度商业化的服务来访问互联网这个所谓的人类公共财产的。这些服务为了能在和对手竞争中胜出，会采取各种措施，并推出各自的一些服务。这种情况可以被视为健康的竞争吗？竞争确实产生了新的创意挑战，并且让我们的社会变好了。虽然这一点很重要，但是，如果这种竞争过头了，那么会怎样呢？互联网或者万维网这种人类的公共财产采用这样的发展方式是正确的吗？现在，各种各样的问题显现出来了，也许这个时候我们应该停下来好好反思一下。

5.6 "共创产生价值"与互联网

人类是通过互相帮助并组成社会才发展到现在的。人类在自然界里很脆弱，在野外，人类大概很快就会成为其他动物的食物吧。正是因为如此，人类才要聚集在一起，唯有抱团才能生存下来。人类在进化的过程中，在语言和技术发展之外，集团内部的协调以及经济活动的出现，形成了我们现在的社会结构。这样看来，合作并共同努力，也就是共创，是人类的本质之一，甚至可以说是基本的生存战略。正如本书之前所讲的那样，互联网诞生之后开始的一系列变化是以开源文化为代表的共创在后面推动发展的。其背后是把人类信息基础的互联网看成人类公共财产这种想法。利用别人的成果去创造出自己的成果，然后把它公开，这样别人也可以再利用。这个过程广为流传，并支撑着我们现在的信息社会。由此可见共创的力量有多大。而且，Web3 在理念上，相比竞争，更重视共创。

互联网让信息传递更加高效、复杂，深刻地改变了我们的社会，并成为经济发展的引擎。但是，互联网上竞争的白热化，有可能让互联网本身的应有状态发生改变。如果提供服务的企业破产了，那么，这些服务会怎样？用户的数据究竟是谁的？Web2.0 的互联网在对待后一个问题时，在共有资产和商业理论之间"徘徊"。在互联网这个通用平台基础上构建的各种系统，其本身结构被逐渐地要求和互联网相适应。这时候 Web3 出现了。正如前文所述，Web3 上的程序代码一般被称作协议，因为无论谁执行这些代码，处理过程都一样，得到的结果也是一样的。例如，自然规律、重力就是不受任何人控制的存在，Web3 上的协议就像重力，不需要人的介入就可以自己运转。而且，为了让这个系统可持续地执行下去，需要将被称为"财产"的代币加入系统。各种各样的代币被设计出来，代币本身反映了设计者各种各样的创意。代币本身是协议的一部分，保有代币就意味着协议的一部分是可以被用户拥有的。换句话说，协议就是大家共同拥有的。我们再从拥有的观点来分析一下。从商业理论上来说，所有权和经营权是分开的，这种理论下提供的网络服务，只是单纯地被提供给用户，服务本身并不被用户拥有，而是被提供服务公司的股东所拥有。但是，在 Web3 中，所有权和经营权是一致的。用户也是所有者，这种构造类似于合作社组织。"游戏规则"已经开始从被资本主义和股票最优化的竞争转向共创——在 Web3 中诞生的新的规则。这样，作为人类公共财产的互联网充分发挥其作用在理论上成为可能，也就是互联网和协议同步发展成为可能。从这种观点来看，在 Web3 领域开发或者创业，可以被看成建设社会的基础设施。全民参与、全民使用、全民受益是互联网、万维网中提倡的共创行为，Web3 的出现有可能推动这些行为的发展。

5.7　合作革命：人、物、资本、信息的流通会改变

　　社会结构会发生变化。具体来说，人、物、资本、信息的流通会发生改变。这些东西相当于社会的 "血液"。如果这些东西的流动停止，那么社会就会像血液停止流动的动物一样消亡。相反，可以顺畅地流通的话，社会就像血液畅通的健康身体一样，变得更加富足。互联网的出现，对人、物、资本，特别是信息的流通，都产生了很大的影响。在信息领域，以前是出版社、电视台等一些特定的参与者拥有很大的话语权，随后被谷歌、脸书这些企业取而代之。然后，区块链的出现让信息之外，价值的流动发生了变化。这里的价值有可能是金钱，也有可能是物品。无论怎样，相当于社会"血液"的资源的流通会变得更有效率。不难想象，这将会深刻改

变这个社会。现在将之前的内容总结一下，如果 Web1.0 是 IT 革命，那么 Web3 可以被看作合作的革命。为什么这么说呢？主要基于以下两个方面。第一，通过代币机制给予人们奖励，以让他们向共同的目标努力。以中本聪关于比特币的文章为发端的代币奖励机制已经在更为复杂的目标上开始应用。第二，可组合性。可组合性是指多种要素能否互相组合的性质。通俗地讲，就像是乐高积木。对于 Web3 上的所有协议，人人都可以是用户，也同时是拥有者。这意味着协议在一个人人触手可及的地方。以别人公开的协议为基础，通过再组合创造出新的协议。这一切成为可能的前提是，协议要和基础设施一样对所有人开放，人人可以使用，并且都是按照共同的标准开发和使用的。在已有的创新基础上，继续创新，会不断产生各种技术革命，Web3 具有这样的潜力。这两个方面，在以后的章节会详细介绍。

第 6 章

DAO 和加速的
破坏性创新

6.1　开源混搭让 "0→1" 加速

0→1 是形容开创出新的事业或者服务的商业术语，创业公司或者大公司在资本主义社会下，只有不停地开创出新的事业，才可以不断成长。因此需要大量的资金投入，为了公司的发展，就必须开创新的事业。在 Web3 的世界里，这种创新的过程会加速 10 倍。基本上，所有的信息都是公开的，每个人都可以自由获取源代码。开发者可以查阅源代码，可以发现 bug，也可以利用这些代码开发出新的东西。这被称为代码"叉子"。虽然价值观不同，但是，如果抱着改善某个服务的想法，那么个人可以自由地复制代码并开发出新的服务。只要在协议许可的范围，在 Web3 的世界，这种行为就不会惹怒任何人，反而会被看作积极创新，备受推崇。从生态系统的角度来看，项目自身的自我净化会发挥作用，凝结着世界上优秀工程师的智慧结晶，安全性和代码本身都是会被逐渐优化的。这里我们以第 3 章提到的分布式交易所 Uniswap 的例子来说明。Uniswap 作为一个无须人工介入的自动加密货币交易的"老字号"服务商，带"火"了 DeFi。一般来说，交易都会通过交易所来进行，例如去年在 NASDAQ 上市的 Coinbase，日本国内的话，有 Bitflyer、Coincheck 等厂商。这些交易所基本都是法人在运营，是中央集权类型的。要遵守各国的法规，在法律的许可的范围内进行交易。正是有了这些交易所，我们才可以交换代币。Uniswap 是一个尝试把以前集中式的代币交易改造成分布式交易的项目。通过智能合约，将余额放进资金池来进行交易。通过 Uniswap，用户就可以将代币 A 交换（swap）成代币 B。Uniswap 的智能合约会根据协议自动将代币 A 交换成代币 B。背后完全不需要人工介入，全部自动执行。由于使用的是分布式协议，因此这个系统是半永久的，不会停止的。

2020 年 8 月，Uniswap 的交易量已经超过大型交易所 Coinbase。

如果将集中式交易所（CEX）和分布式交易所（DEX）进行对比，那么还是很有趣的。当时，Coinbase 成功融资 5.5 亿美元，员工超过 1200 人。作为对比，Uniswap 的融资只有 1300 万美元，员工只有 7 个人。二者的融资金额和员工人数对比的话，Uniswap 交易量之大令人吃惊。一般来说，在 Web3 上，会尽量除掉中介，这样就可以削减所有不必要的人员和资源，这样才可以灵活运营。当然，大型交易所有完备的客服系统，而分布式交易所基本没有。因为使用是无须人工介入、全自动的协议，只能在社区或者向核心开发团队提问来获取帮助，所以获得的支持很有限。Uniswap 诞生后几个月，SushiSwap 出现了。其协议内容和 Uniswap 类似，也是想成为分布式交易所。SushiSwap 之所以可以短时间就出现，是因为它利用了 Uniswap 的代码，换了一个名字后重新公开了。二者的用户界面在外观上基本一样（因为代码基本一样）。从用户的角度来看，二者的价值也基本相同。

刚开始，虽然被认为是网络上突然出现的"网红梗"之一，但实际上，SushiSwap 的用户和提供流动性的用户（正是由于提供流动性的用户的存在，分布式交易所才可以实现）开始增加，让它发展成现在可以和 Uniswap 并驾齐驱的知名分布式交易所。就像这个例子一样，信息和代码公开的话，只需要很少的工时就可以开发出新的服务，新事物的出现以及新陈代谢的速度比 Web2.0 要快很多。
这种现象会随着协议的增加以指数级加速。

6.2　DAO 下的组织创新

提到 Web3，就不得不提 DAO 这个概念。DAO（Decentralized
Autonomous Organization）是区块链之后出现的一种新的合作方式。
拥有共同目标的人组成团体或者社区，共享在区块链上执行的规
则。在 DAO 中，可以通过各种各样的代币来调整参与者的报酬，若
个人对组织做出贡献，那么也会获取报酬。DAO 的参与者不受地
理、人种限制，个人和各种各样的组织以各自的立场来做贡献，
DAO 是一种扁平的组织形态。但是，要给 DAO 下一个严格的定义
是很困难的。现在，从世界范围来看，这还是一个正在不断试错、
不断发展的领域。在新事物的早期，随意给它下定义的话，会阻碍
新的灵感和创意的出现。因此作者认为对它下一个明确的定义还为
时尚早。

大家或许没怎么听过 DAO，作者希望本书可以让大家对它有一
个初步印象。如果要通俗易懂地解释 DAO，那么可以简单地认为它

是去中心，以共同目标为驱动的社区团体。"沙龙"这个词，应该很多人都听说过，不同于公司，它是以共同价值观或者目标而聚集在一起的人组成的团体。现在"沙龙"这个词汇在商业场合已经为大家熟知，但是，在几年前，它还是被认为是不正经的团体的代名词。时至今日，"沙龙"甚至成为一些人的生存意义，在与公司不同的环境下，可以学习并为此着迷的人也不少。虽然 DAO 在感觉上和"沙龙"比较接近，但是它与"沙龙"的最大区别：是否存在一个中心人物。基本上，"沙龙"的中心是主办者，在其下面，成员聚集在一起，互相学习，由主办者来主持日常活动。而且，"沙龙"的收入基本上归主办者（虽然会以某种形式回馈给"沙龙"成员）。因此，"沙龙"还有纯粹的上下级关系。但是在 DAO 中，不存在作为中心的领导者，整个组织可以自主地进行持续性活动。这是因为 DAO是按照 Web3 的价值观，以分布式为前提构筑的。当然，在社区成立的早期阶段，需要有人提出目标或者任务。这时候有明确的领导者的话，社区会比较容易统率，不容易出现擅自行动的人。当然，这样会出现依赖某个人的风险，因此 DAO 会分阶段地把权限移交给社区。和"沙龙"一对比，是不是对 DAO 有了初步的印象呢？开展 Web3服务的初创企业的运营方法、起步方式和以前的企业有很大的不同，作者会在下文介绍。公司、"沙龙"、DAO 的对比如图 6-1 所示。

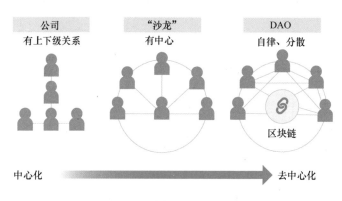

图 6-1

　　图 6-2 是 Web2.0 时代作为创新的主体——股份公司和 Web3 的

新范式——DAO 的对比图。下面将对二者的不同之处逐一说明。

	Web2.0和 Web3组织形态对比	
	Web2.0（一般的公司组织）	Web3（DAO）
管理	董事会决议（股份制）	社区驱动（代币制）
产品	公司的财产	公共协议
源代码	非公开	开源
利润	竞争机制导致垄断	共创
数据	保存在内部数据库，外界无法访问	可验证
参与机会	封闭、排外的	人人可以自由参与

图 6-2

1. 管理

组织形态的区别就不用说了，管理方式也发生了很大变化。股份制公司有董事会和股东大会。其所有权和经营权是分开的，只要公司还属于股东，所有的决策就必须得到股东的批准。如果公司上市，则股权会分散，股东大会的规模也会变大。但是，DAO 的管理主要通过代币，而且代币不是保存在公司服务器上（例如，有些积分的信息就是保存在公司服务器上），而是保存在区块链上，所以管理完全是在数字世界进行的，简单来说，就是"股东大会"可以在任何时候举行。

下面具体说明一下 DAO 的活动。首先，DAO 的论坛是非同期的，每天都在讨论各种各样的问题。这点就像 Web1.0 时代的 BBS。根据一定的议程，按顺序进行讨论，而对于那些没有必要发布到论坛上的日常交流的内容，一般会使用第 2 章提到的被称作 Discord 的交流工具。Discord 是诞生于美国的一个聊天工具，先在游戏玩家的圈子流行开来，现在变成一个在商务范围内也广泛使用的工具。其特征：可以使用语音和文字进行聊天；以服务器为单位和别人交流；进入自己感兴趣的服务器之后，其中根据用途划分了很多频道，可以选择自己感兴趣的频道。Web3 服务的 DAO 一般都有自己的 Discord 服务器，加入 DAO 基本上和参加 DAO 的 Discord 频道是同一含义。经过讨论并基本确定方向后，会找出一个人，他将作为代表写提案书，然后拥有代币的人对提案书进行投票表决。代币的持有者连接"钱包"并进行投票，代币可以在区块链上进行验证，然后获取投票的权利。当然，这些活动都会被记录在区块链上，以可视化的形式被公开。一般一个代币对应一票，投票的机制是在DAO 设计的时候被确定的。是简单的多数表决好呢？还是对平时积极对社区做贡献的人增加投票的权重好呢？还是根据加入 DAO 的时间先后来决定投票的权重好呢？这些都是由 DAO 的价值观、行动规范来决定的，这些关于管理的机制设计会决定 DAO 决策的方法，这也是 DAO 展现自己水准的一个方法。这方面的知识、经验还比较匮乏，今后可能会发展成一个学科。

投票一般是在链（on chain）进行，并需要向区块链支付"燃料"费（gas fee），这使得投票门槛变高，甚至变得本末倒置，为了解决这个问题，可以在链下（off chain）简单投票的专门的 DAO 被开发出来。今后，随着这种治理过程以及各种工具的发展，应该会出现各种各样的创新。上市企业在接受独立第三方审计的时候，需要提交各种财务报表，即使是股东，也只能看到企业在某一个时间点的财务状况。作为对比，DAO 的各种数据都在公共区块链上，所有的交易数据都实时公开、透明，这样会使贪污和被立案审查的风险都大大降低。

2. 产品

Web2.0 上的产品和服务都是某个公司提供的。例如，互联网上的媒体或者应用程序都是公司的财产。这些产品给公司带来现金流，使公司可以生存下去。作为对比，Web3 的初创企业不是去生产产品或者提供服务，而是去开发公开的协议。这有点像是在数字空间里建造公共设施。

3. 源代码

随着互联网的发展，一个软件就有可能创造出数千亿日元的产业。因此，源代码是公司的财产，基本不会对外公开。当然，为了开放创新，或者作为互联网服务互相合作的一个环节，也会有 API 这种概念。将一部分代码作为人人都可以使用的 API 公开，主要是为了促进其他公司或者开发者利用自家的服务二次开发。但是，在 Web3 上，源代码公开是基本的规则。这点和产品那部分提到的类似，因为他们并不是为了控制自己的产品，而是为了制定公共的协议。不妨这样理解：他们把代码公开，以此借助世界上所有人的智慧来完成开发。

4. 利润

Web2.0 的确处在竞争时代。刚诞生的新产品，转眼间就被模仿。"0→1"的过程是非常困难的，变成"1"后，即市场需求的存在被验证后，其他公司往往也会进入。即使是独步业界的优秀产品，相似的产品也会如雨后春笋般接二连三地冒出来。用户数、用户注意力是有限的，为了让用户首先想起自家产品，公司之间不得不互相竞争。如果多个公司都可以生存下来，那么还好，事实上，赢者"通吃"的市场局面居多。因此，在Web2.0时代，非赢即输。因此，现在的Web2.0上出现了很多为了争夺用户而"砸钱"宣传的例子。如何独占市场并获取利益变成很重要的问题。但是，Web3的初创企业的价值观不是竞争而是共创；不是零和游戏而是加和；不是一个公司开发市场，而是多个公司联合起来。乍一看，这不是和Web2.0一样吗？在Web3里面，"市场"这个叫法已经不太合适，不如说是生态系统，代码是完全公开的，可以利用别的项目产生的价值，开发出更好的项目，这是一种共创关系。对于公司，股东和董事会掌握着公司大部分的财富，而对于Web3，对项目有贡献的用户都可以享受到项目带来的利益。

5. 数据

在Web2.0的世界，数据也是公司的主要财产。技术会逐渐普及，差异会变小，如何获取用户的数据，以及按客户需求定制服务，变成竞争的"主战场"。AI进化程度越高，数据的量和质都会变得越重要。这已经超过公司之间的竞争，甚至上升为国家之间获取数据的竞争。另外，企业的个人信息数据泄露事件也频繁发生。以欧美各国为中心，对个人隐私和信息的保护意识越来越高，甚至超过企业所能对应的范围。

Web3 在这方面就很简单。因为使用了区块链，所以，一开始，包括代码之类的所有东西都是公开的，没有尝试过隐藏。这就是区块链的可验证性（verifiability），无论身在世界何处，只要能看到区块链，就可以追溯过去所有的记录。DAO 上所有的活动和资金的流动，人人都可以查证，和以前的企业机制相比，更加透明。而且，使用了区块链和代币，DAO 的资金管理更加容易。DAO 管理的资产被称作债券（Treasury），它可以被视为 DAO 带来的新发明。以前线上的类似"沙龙"的社区，想要分布式灵活地管理其资产是很困难的。如果是银行账号，那么无法进行分布式管理，也没有公开、透明的管理方法。让某个人离线管理更是不能容忍的。但是，随着区块链的出现，社区的资金可以在线实现分布式管理。对于世界各地的人聚集在一起的 DAO，想获取其实际形态是比较困难的。管理着数十亿日元资产的社区还是有不少的，这也是 DAO 带来的一个创新。

6. 参与机会

Web2.0 的企业特点：利用有限的资源开展并运营业务，企业哲学里面不存在开放的价值观，其结构决定了决策过程不会对外公开，是排他的、封闭式的。在 Web3 上，DAO 的根本价值观就是"来者不拒，去者不留"。从信息层面上来讲，DAO 的活动都是公开、透明的，无论你在哪里，也无论你是谁，都有机会参与。一般来说，和传统的企业相比，DAO 可以从世界各地访问，参与的门槛会低一些。这种透明性和低门槛让 DAO 的成员流动性很大。DAO 之间的流动也没有什么障碍。不需要别人的许可，可以自由地加入或退出。自己可以制定管理机制，可以自由加入自己认可的 DAO，这也是 DAO 的一个优势。第 7 章会详细讲述，现在 DAO 的例子已经不胜枚举，而且今后应该还会继续增加。有价值的社区会被以 DAO 的形式运营，在自己喜欢的事情上发挥自己的技能，通过 DAO 为社会做贡献，整个社会会向这个方向转变。通过 DAO 来募集活动的资金，对 Web3 和加密货币痴迷的年轻人来说这已经不罕见了。DAO 不是公司而是一个社区，与其说在工作，不如说是在为社区做贡献。不同于先有劳动合同再工作并领工资的这种形式，没有劳动合同的情况下先做贡献再拿报酬变成了因为有贡献所以可以获得报酬这种顺序。DAO 带来的这种模式转变，有可能从根本上改变人们工作的动机，这对现在的人来说毫无疑问是一个前所未有的冲击。

6.3　资金效率以及流动性带来创新周期的革命

以前，创业公司会通过出让股份，分几轮从投资人那里融资并使用资金杠杆，企业发展壮大后，通过 IPO 或者 M&A 来完成退出是默认的"游戏"规则。首先，几名初创人员成立一家小公司，从天使投资人那里获取少量资金以对创业想法进行验证；经过某种程度的验证并获取一定的可行性后，从"种子"VC 那里获取几千万日元的"种子"投资以进行验证产品的开发。这时，开始招聘员工，对团队进行扩充，这个阶段的目标是 PMF，但是，一旦达到 PMF，为了将来的成长，就要开始下一轮以亿（日元）为单位的融资。通过股权融资获取大量资金，企业发展壮大，估值也会上升。企业停止增长就意味着"死亡"，为了 IPO 或者 M&A，产品和企业都必须不断成长。Web3 的创业公司在这方面有很大的不同。

首先，它们追求的退出不是 IPO 或者 M&A，而是成立 DAO。

也就是说，把公司清算转变成一个分布式组织 DAO 成为默认的行业规则。它们的目标是开发出一个能作为整个社会的永久性基础设施的协议，当达到这个目标的时候，无论是决策过程、组织管理，还是资产管理，分布式是被认为非常明智的一种解决方案。这时，若继续以公司或者法人的形式对协议拥有控制权，就会被认为在作恶。所以，如何迁移到 DAO 在此时变得很重要。

业界很多人认为比特币是 DAO 的理想形态。确实，比特币的运行状态很像是 DAO 的理想状态。但是，当中本聪这个真实身份不明的人士提出比特币的分布式设计的时候，正好有一些人对此感到痴迷并以一种分布式社区的形式开发出比特币。但是，在现在没有中心的情况下，顷刻间成立一个 DAO 是非常困难的。其中一方面原因是，DAO 的本质仍然是社区，在成立初期必须要有公共的愿景。如果缺乏公共愿景，就会变成"热得快，凉得也快"的短暂性的社区。

接下来想介绍一下 Web3 的创业公司是如何诞生以及成长的。首先，几个核心成员发起项目。他们在共同的目标和任务下主导协议的开发。这时，他们会从投资人那里少量融资来支付招聘费用和代码审查费用（将代码交给专业的机构来检查代码是否有漏洞是 Web3 才有的做法）。然后，在测试用的区块链的网络上发布协议，这时候会有感兴趣的早期用户，将协议连接上自己的"钱包"，尝试着在区块链上发起交易。这些交易记录以后会起作用。Web3 的项目基本上都是分布式系统，所有的行动都有发起者和参与者。如果是分布式交易，那么，为了让交易顺利进行，需要有人提供流动性。而且，构成区块链的分布式系统需要资金来维持运行。发起交易行为被认为是对项目做贡献，因此，从项目的角度来看，谁在何时做出什么贡献都是一目了然的。因此，服务发布后，通过这些记录可以很容易地给初期用户发放代币。就这样不断地打磨产品（协议），最后终于在主网络（不是开发环境，而是真正的区块链）上发布。发布之后，普通用户就可以使用了，因为是在主网络上，这时候就需要支付"燃料"费。初期用户冒着一定的风险使用协议，这也可以被看成对协议的某种贡献。

这里想让读者回忆一下图 6-2 中那个罗列了 Web2.0 和 Web3 不同之处的表格。对于 Web3 的创业公司，股票没什么意义。对于它们，重要的不是股票，而是代币。在 DAO 中，管理代币在作决策的时候是必要的。管理代币和利用服务时所使用的类似积分的代币不一样，它类似于在作决策的投票券。因此，DAO 的项目需要在发布协议的同时，在后台设计管理用的代币。管理代币会按照比例分配给初期投资人、团队、初期用户和社区等。这种分配比例、分配量、时机决定着 DAO 可持续发展的可能性。因为最终的目标是成为公共协议，所以成立 DAO 是必需的。对于 Web3 的创业公司，代币在交易所"上市"（和股票一样，在交易所上市的话，代币就可以进行自由交易）是一种变现方式，但是"变现"的本来意思是设立 DAO。

负责发起项目的法人（组织）解散的例子很常见。以前，风投通过投入资金换取股权，现在专门做代币投资的风投用资金换取管理代币。这里要特别强调的是，早期用户也在分配对象之列。2020年，Uniswap 发布管理代币，之后其他社区很快跟着发布自己的管理代币。当时，Uniswap 的核心小组对早期用户根据他们的提交量（swap 的次数和提供流动性的量）赋予可以对服务提建议、投票的管理代币——UNI。在还没有引起人们注意的初期，根据提交数量，至少可以分到 400UNI。这些代币很快就在市场上以 740 日元的价格开始流通，400UNI 就相当于约 30 万日元。当时，日本政府正好在发放 10 万日元的新冠补助金，所以日本国内用户将它称作 DeFi "补助金"，并对这种新的价值流通而感到兴奋。一些用户没有意识到这些代币的价值，很快就把这些代币卖掉了。现在，DAO 在 Web3 上已经变得很普遍，很多人意识到了代币的价值。现在（2021 年 5 月），市场行情比较好，1 个 UNI 以 4500 日元的价格在流通。当时的 400UNI，现在价值 180 万日元。代币经常被误解为类似积分的东西，其实是类似 Web2.0 "股份公司"的"股票"，不是股票期权，而是一般的股票。换言之，就类似于 Mercari[①] 向它早期的用户赠送其公司的股票。因为最终的目标是成立 DAO 而不是公司，所以向那些支持和帮助过项目的早期的优质用户赠送代币是非常自然的。这种赠送管理代币的行为在加密货币行业内被称为 airdrop。这种行为会流行开来，用户在项目初期做出贡献就可以获取相应的激励。如图 6-3 所示。

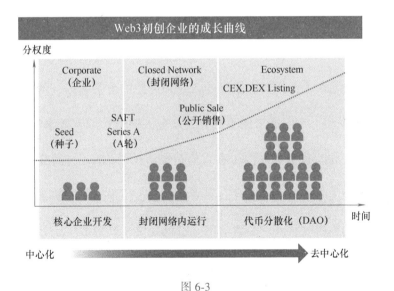

图 6-3

---

① 日本类似淘宝的个人交易平台。——译者注

6.4　对抗不平等，被赋能的社会

现在的资本主义社会结构决定了经济发展就会带来贫富差距，已经有人指出了这个问题。经济发展的界限和可持续发展都已经被反复讨论。"环保少女"格蕾塔·通贝里指出，需要找到资本主义以外的发展经济的方式。《人新世的"资本论"》（集英社）的作者、社会学家斋藤幸平指出："企业为了追求利益而努力不停地在竞争中谋求胜利的这种做法在现代资本主义社会已经过时，应该提高市民的意识。如果没有市民的善意和可控的公共服务，就没有未来"。"今后，我们追求的不是会带来危害的增长或者效率的提升，而是在地球的某个范围内生存，这是去增长的信号"，斋藤幸平提出了这个主张。资本主义社会本身是一个不断增长膨胀的系统，阻止资本的扩张对它来说是致命的。也就是说，放弃增长是和资本主义社会相对立的，是无法共存的。因此，不超越资本主义的话，去增长的社会是无法实现的。这时候起决定作用的是扩大公共财产的领域。不知道从什么时候开始，要求将被资本"霸占"的东西还给大众的苗头出现了，Web3 被认为能实现这个目标。贫富分化加大、互联网革命、移动互联网革命、企业随意加大金融杠杆，这个社会已经进入这种状态。世界股票市值排行榜上的企业变动情况就真实地反映了这样的现实。在这种情况下，区块链的出现，以及基于区块链技术的 Web3 "社会"，代表了一种新的范式的迁移。Web3 不应该被看作 AI 或者 IoT 这种新出现的 "赛道"，而是应该被看作会颠覆现在以追求增长为前提的资本主义的时代。

但有一点需要注意，带着 Web2.0 的思想去尝试理解 Web3 的话，会看错其本质。它并不是互联网的进化，而是整个社会会发生变化。要理解这个大前提，需要摆脱 Web2.0 的价值观。信息公开，基于全新的技术和机制的创新，会超越地理的限制，Web3 也许会改变整个世界。

第 7 章

进入 DAO 的方法，
生成 DAO 的方式

7.1　DAO 的生态系统

如果知道 DAO 生态系统包含的种类，那么应该会对 DAO 有切身感受。这里对 DAO 的种类加以说明。

1. DAO Operating System

这种 DAO 主要提供运营 DAO 所需的工具或者解决方案。具体来说，发行智能合约的工具就属于其中之一，这部分类似于 DAO 的"心脏"部分。利用 Aragon、DAOhaus 这些工具，只需要轻点几下鼠标，就可以把 DAO 上使用的智能合约部署到区块链上。借助这些工具，可以很简单地使用区块链进行资产管理和投票。

2. Investment DAO

这种 DAO 专门投资 DAO 或者协议。其成员会把各自持有的资产或者加密货币拿出来以成立一个信托资金池，然后像风险投资一样去投资各种项目。投资对象除 DAO 以外，还包括 NFT。在本书写作时，Flamingo DAO 是世界顶级的高级 NFT 的投资 DAO。

3. Grants DAO

这种 DAO 执行在 Web3 上不可或缺的 Grant 机制。Grant 是指给软件开发小组或者开发者发放的少量补助金。协议会给各个项目一些资金的支持，而且不需要返还。Web3 行业内本来就有源代码完全公开的文化，项目基本都是志愿者开发的。初期通过少量资金补助来让项目开发可以进行，是这个制度的设计初衷。

4. Collector DAO

这个 DAO 可以众筹购买和共同持有 NFT。前面介绍过的 Flamingo DAO 也带有共同持有的目的，因此有时候也会被划分到 Collector DAO 里面。其中，PleasrDAO 是因为被用来在拍卖会上购买狗狗币的头像——柴犬 Kabosu 的慈善 NFT 而出名的。当时，Kabosu的一张照片被拿来拍卖，2021 年 6 月，这张照片的 NFT 以

4.6 亿日元价格成交。在 Collector DAO 上面，这张照片的 NFT 被分割后发布到智能合约上，然后通过代码把它锁定，在这样的前提下，其访问权被分割成 169 万份。在本书写作时，Kabosu 的分割 NFT 所有者达到了 7000 人。这种共同持有的创意和收藏家之间共同抬高艺术品价格的手法很相似，这将来也会成为基于 DAO 的社区共同持有艺术品的理由吧。

5. Protocol DAO

这是一种专门维护、运营、改良协议的 DAO。每个协议都存在一个对应的 DAO。例如，DeFi 领域提供借贷（lending）服务的 Aave 协议的 Aave DAO。对于这样直接提供金融服务的协议，都会成立对应的 DAO。管理代币这种创新是在 Protocol DAO 演化过程中逐渐成形的，Protocol DAO 可以被看成 Web3 革命的核心部分。

6. Service DAOs

这种 DAO 和提供某种解决方案的 Protocol DAO 相比，会提供更为具体、全面的服务。其实，这个领域到现在还没有明确的定义。例如，DXDAO 类似于控股公司，其下会制定几个协议，DXDAO 负责它们的运营管理以及决策过程。

7. Social DAOs

这种 DAO 也被称为社交代币。与其说是协议，不如说它是以社

区为基础成长起来的 DAO。例如 FWB 这个 DAO，提供顶级的在线
人脉网络，其中包括知名艺术家、创意家，以及知名品牌所属公司
的董事等。虽然通过在市场上购买一定数量的指定代币，就可以加
入 FWB，但是人气上涨会带动代币的价格水涨船高，加入的门槛自
然就会越来越高。DAO 社区人气高涨的话，会有更多艺术、音乐、
营销方面的世界顶级人才加入其中。DAO 的早期用户就可以享受到
这些后来增值的无形资产，这一点很有趣。

8. Media DAOs

这种 DAO 会以社区的形式进行新闻报道的编辑和公开，通常
这都是由媒体负责的。它主要有两大特征：第一，有些报道没有
特定的撰稿人的话，会比较容易公开，Media DAO 就适合用来撰
写这样的报道。第二，如果某篇报道想超越某个媒体，那么也适
合使用这种 DAO，即在经过社区的翻译后，可以通过世界上代币
的所有者传播到世界各地。社区的力量会以压倒性的速度将信息
传递到世界各地。在 Bankless DAO 上面，已经可以看到这种惊人
的传播速度。世界各地的人互相协作并分配代币作为报酬的机制
已经成型。

7.2 DAO 生态系统的历史

讲到 DAO 的生态系统，就必须要提到它的历史。以太链上面的 The DAO 可以被称为 DAO 的鼻祖。它就正如其名，在区块链领域广为人知。The DAO 是为了发挥类似风投的作用去运营 DAO 而被成立的，是以太坊上最大的 DAO。成立之后的 2016 年，它筹集到了当时市值约 160 亿日元的以太币。但是后来被曝出智能合约的部分有 bug，导致大约 1/3 的资金流出。这时，以太坊首次出现了被称为硬分叉的变化。此时回卷到资金流出之前的区块链变成了现在的以太坊，而无法回卷的区块链变成了经典以太坊，这样社区出现了分裂。这个悲剧发生之后，也就是 2019 年之后，逐渐出现了和 The DAO 理念相似的具有投资属性的 Investment DAO：MetaCartel Ventures DAO 和 The LAO。它们的出现，拉开了利用 DAO 来对 DAO 投资的序幕。2021 年开始，发展为 Flamingo DAO、Pleasr DAO 这种收集 NFT 并共同持有的形式。所以，DAO 的历史就是以以太坊为基础的区块链的历史。

7.3　DAO 的加入方式

读到这里，读者肯定在想，究竟怎样才能加入 DAO 呢？加入 DAO 究竟指的是什么？加入 DAO 主要有两种方式。一种方式是通过购买 DAO 的原生代币，不需要审查或者手续，就可以成为 DAO 的成员。例如 Uniswap 这种 Protocol DAO，购买 UN 代币后，就自动获得在它的 DAO 上投票的权利。对于这种方法，无论你是否有加入的意愿，都会成为 DAO 的成员。另一种方式是需要审查的方式。前面提到的 FWB 这种 Social DAO 有审查表。接受审查之前，需要购买指定的代币，购买之后，会经过现有会员的审查。DAO-haus 这类工具会以标准功能形式提供会员入会审查的服务。基于 DAOhaus 开发的 DAO，会在区块链上加入宣誓的功能。宣誓的证明可以在区块链上确认，成员进行投票表决，如果投票通过，就可以加入。如图 7-1 所示。

图 7-1

7.4 DAO 系统的开发方法

接下来以 Aragon 为例来介绍 DAO 系统的开发方式。开发 DAO 系统意味着，成立社区的同时也要发布一个利用区块链在 DAO 上投票的核心系统。Aragon 只需要几步，即选择一些模板、起几个名字，就可以部署一个 DAO 的"心脏"部分——智能合约。就像图 7-2 所示的截图那样，按照画面显示的步骤，输入想生成 DAO 的名字，然后触发在区块链上留下记录的交易，这样就可以生成 DAO 的关键部分——智能合约。是不是比想象的要简单？甚至会让很多人失望吧？Aragon 提供的 Membership 模板可以生成自己专有的代币，还带有投票和统计功能，甚至还有管理资产的功能。知道生成一个 DAO 是如此简单之后，读者应该可以理解 DAO 的内容和使命有多么重要了吧？

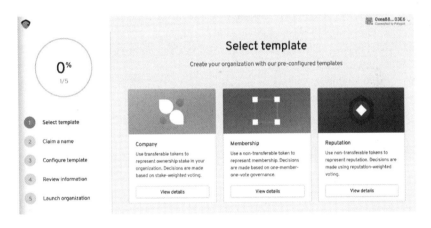

图 7-2

总之，宣告一个 DAO 成立，那仅仅意味着系统开始运行，那些想加入 DAO 或者对它感兴趣的人寻求的本质其实体现在以下这些问题上：为什么要和那个 DAO 扯上关系？在那个 DAO 上面，自己可以贡献什么价值或者起什么作用？怎样为实现 DAO 的目标做贡献？

7.5　DAO 内部沟通

前面的章节提到过，很多 DAO 是通过 Discord 这种聊天工具，即类似于论坛、BBS 这种场所进行讨论的。那么我们就来一看究竟吧。图 7-3 就是大型 DeFi Compound 论坛的截图，右侧的数字依次是回复次数、浏览次数、更新后经过的时间。通过这个画面，可以很清楚地看到最近有 7 个话题被讨论了。

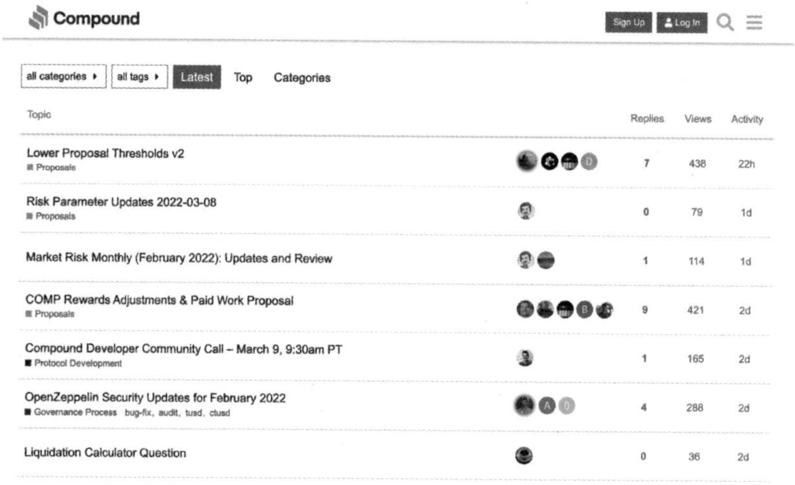

图 7-3

当然，有些话题会停留在提案阶段，没有人给出反应，或者仅仅停留在想法阶段，这就意味着这种方法对这个 DAO 没有好处，放弃吧。就像这样怎样让 DAO 变得更好的讨论或者建议在 DAO 的内部自下而上反复进行。这种内部讨论如何进行，以及根据什么进行决策，是取决于 DAO 内部的文化或者愿景的。DAO 内部决策速度是远远超过公司董事会的。这种快速决策意味着 DAO 的成员不受时区约束，并可从各个角度对话题进行讨论。这不就是新时代的国际化组织应该有的活动方式吗？

7.6　夺取 DAO 的控制权

在股份制公司里，有时候会发生公司股票被恶意收购而导致公司董事长丧失控制权的现象。在 DAO 上面，这样的现象也开始显现出来。通过在市场上大量收购代币，可以夺取 DAO 的控制权。如果一个代币代表一票，那么拥有更多的代币就意味着拥有更多的投票权。据报道，在 2022 年 2 月，有人通过 Tron 区块链创始人孙宇晨的"钱包"购入当时价值约 10 亿日元的 Compound 协议的管理代币 COMP。这是不是孙宇晨本人的操作，现在还没有明确的答案。随后出现了"Tron 的资产在 Compound 上也应该被认可"的提案，这就让人有些怀疑二者的关联性。正如这样，宝贵的投票权在市场上可以被随意购买，某些投资人会购买大量的投票权，这会使得 DAO 内的所有者分布变得扭曲。

7.7　解散 DAO

在某些场合，DAO 是不是应该被解散这个话题开始被提出来了。2022 年关于 Ape DAO 的解散提案成为热门话题。Ape DAO 持有超过 80 个 Bored Ape Yat Club 发行的 NFT，而且 Ape DAO 还发行了作为自己持有 NFT 凭证的代币。通常 DAO 发行的代币的总价应该是和其持有的 NFT 市价相等的，而在 Ape DAO 这里，它持有的 NFT 总价值超过了它发行的代币的总价值，也就是出现价格逆转的现象。因此，有人激进地提议解散 DAO，将 NFT 全部出售，获取的利益按照代币持有比例分配。这种情况下，DAO 已经无法正常运转，在还有保证资产的情况下，解散 DAO 的提案也是会被拿出来讨论的。夺取 DAO 的控制权、解散 DAO 这些问题都刚开始显现出来，可以采取和现在的股份制公司同样的方法：需要对某些特定的投票施加一些影响。但是，对 DAO 控制权的各种各样的攻击（虽然有

些场合没有攻击的意图，但是这里都统称为攻击）或者挑战，为
了不让 DAO 陷入瘫痪，需要进行不断的试错来进行防卫，这些都
是按照 Web3 的速度进行快速迭代。现在，全世界都在讨论如何
管理 DAO，让它在受到将来可能出现的攻击的情况下，仍然可以
运转。

第 8 章

未来所有的服务都会
变成协议

8.1 企业主导的互联网服务的极限

现在，很多企业都在提供互联网服务。世界上很多企业乘着互联网的东风，市值扶摇直上。20 世纪 80 年代，世界企业市值排行榜前列有很多日本企业，其中多数都是银行和财团，现在基本都是外资的互联网公司。企业善于通过互联网给自己的业务赋能，公司市值就会水涨船高。基本都是借助互联网对以往的行业进行改造，如拍卖网站取代了自由市场。到了移动互联网时代，变成了

Mercari。人们使用互联网服务会给企业带来营收，企业市值也会上涨。随着互联网人口不断增加，各种互联网服务不断成长，因此公司业务也会不断成长。因为行业进入成本不高，所以竞争对手不断涌现。同时，互联网服务的提供主体是企业，这已经开始带来一些弊端。

以 YouTube 为例。YouTube 这样的分享视频的平台的出现，让人们可以很容易地观看视频，而且谁都可以轻松地拥有自己的频道。聚集了用户之后，广告业务蓬勃发展，其运营母公司 Alphabet 的收入也急速增长。这种情况下，读者知道《面向儿童的 YouTube 广告的单价被调低了》这则新闻吗？YouTube 把广告当作生意，需要考虑广告效果最大化，所以面向儿童的 YouTube 广告单价不得不降低。儿童基本不会点击广告，即使点击，也不会转化成商品的购买。从资本主义性质上来看，这样由企业来进行决策而产生的问题在某种程度上来说是没有办法解决的。

各种产品服务的背后是企业（管理层），企业背后是股东，只要还有股东，企业就不得不一直成长发展。无法给企业带来收益的服务都会被裁撤，为了企业的发展，对服务功能和附加条件的随时调整都是不可避免的。用户只能被动地接受这些改变，没有任何主导权。如图 8-1 所示。

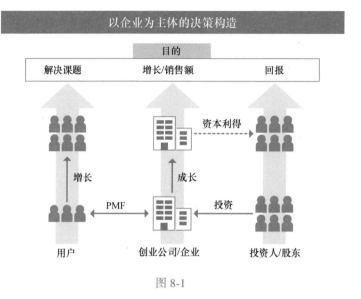

图 8-1

对于 DAO 类型的项目，这一切会像图 8-2 所示的那样发生变化。用户通过获取代币，就变成投资人，也就是项目的所有人，所有的人在某种程度上都持有同样的立场。而且，对于项目，相比投资人，用户和由用户所构成的社区更为重要，因为失去了用户，项目就无法继续存在下去。所有的参与者做出贡献，这样 DAO 的价值就会提升，这会让 DAO 持有的资产（也就是代币）升值。这样的话，DAO 的管理代币就会升值，持有这些代币并为社区做贡献的人的资产也会升值。无论是用户、项目，还是投资人，都是以运营公共的 DAO 为目的，就不会出现 Web2.0 中那种利益相关者之间因为目标不同而发生冲突的情况。这是 Web3 项目的优点，也是被称为可持续的项目运营方式的原因。

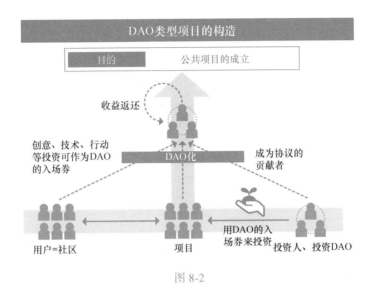

图 8-2

8.2 不是去出售饮用水，而是去铺设水管

Web2.0 时代，市场上充斥着企业主导的产品和服务。这虽然让人们的生活变得丰富多彩，但是在另一方面，像 GAFA 这样的企业的规模变得巨大，本来是为了丰富人们生活的互联网变成支撑这些企业的存在。这样的结果就是用户的利益被置之脑后。当前的 Web2.0 时代，各种互联网服务由企业来提供是一种理所当然的事

情。企业为了提高业绩去投资，扩大业务规模，根据时代需求，开拓出新的业务。综合性大型企业为了提高企业价值，会进行多元化扩张。所有的产品和服务都是为了提高企业价值，这样说不算过分，因为各种服务和产品支撑着企业的生存。但是，到了 Web3 时代，这种构造会被颠覆。各种互联网服务不再属于某个公司，而是由某个 DAO、企业、个人提供支持。例如，比特币就是以这种形式在可持续运转。比特币股份公司这样的组织不会存在，"挖矿"的人、信奉"数字黄金"并且投资的人、为了转账而使用的人、信奉比特币的企业和个人，这些群体共同维护这个系统。如图 8-3 所示。

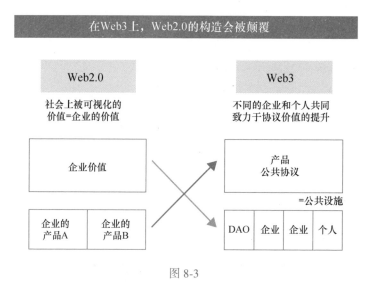

图 8-3

以水为例的话，企业主导的服务和产品就像市场上出售的饮用水。企业把水商品化，贴上标签，当作一门生意来运转。但是，水本来就是地球上的资源，人人都可以平等地获取。不应该把水当作商品，当作生意，这样无法让所有的人平等获取；应该去建设水库及铺设水管，把水当作一种公共财产，人人可以自由获取，这样会对这个社会产生更大的影响。在 Web3 时代，就像水管一样，建造全世界的公共财产才是目标。DAO、企业、个人等世界上所有的资源都发挥各自的作用以支撑互联网，这些资源并不是具体的产品，而是公共协议，也可以称为公共财产。至于将比特币看作货币、资产，还是社会基础设施，取决于你自己。在 Web3 的世界，一切互联网服务都将从由某个企业垄断变为开放，成为一个不会停止、可持续运转的社会基础设施，DAO、企业、个人都会尽力维护这些基础设施。

8.3 "胖"协议这个新概念

Web2.0 的共享协议：数据传输协议 TCP/IP、超链接协议 HTTP、发送邮件的 SMTP。随着互联网的发展，这些协议为我们的世界创出不可估量的价值。但是，这些都主要以数据的形式，被这些协议的上层——应用层收集起来，成为某个企业的私有财产。

Facebook 和 Google 就是其中的典型。按照现在的价值观点，这种协议层和应用层可以被分别称为"薄"协议层和"厚"应用层。如图 8-4 所示。

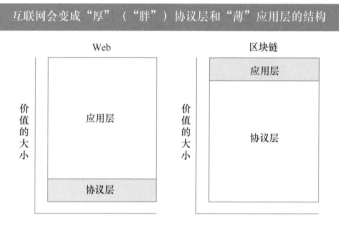

图 8-4

价值的根源本来应该在协议层，但是和商业的挂钩导致应用层的企业可以融到海量资金，通过在全世界推广应用程序，获得了本属于协议层的价值。但是区块链的出现，协议层和应用层的价值链发生了逆转。协议层上的价值超过大半，应用层只占很少一部分。这种概念被称为"胖"传输协议。硅谷老牌风投机构 Union Square Ventures 的分析师 Joel Monegro 在 2016 年提出了这个概念，也就是说，互联网会变成"厚"协议层和"薄"应用层的结构。区块链技术的出现，价值的源头从根本上发生改变，协议层比应用层产生更多的价值，这是"胖"协议理论的基本思想。

8.4 只有基础设施才能带来现金流

基础设施会产生现金流。想象一下冰山的样子，这样应该好理解一点。协议层很"厚"，但是应用层很"薄"。前端看起来很简单，其实其背后的智能合约才是真正的价值所在。前端只是一个和用户接触的点，为了应对意外情况，将它分散托管也没关系。对于背后的启动智能合约的用户界面中的按钮，从分散风险的角度来看，分散开来会是比较好的选择。如图 8-5 所示。

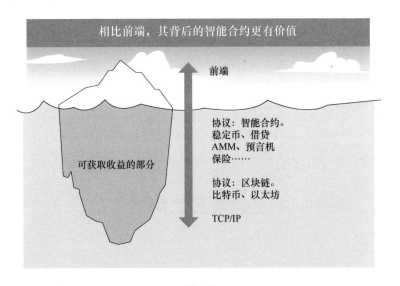

相比前端，其背后的智能合约更有价值

前端

可获取收益的部分

协议：智能合约。
稳定币、借贷
AMM、预言机
保险……

协议：区块链。
比特币、以太坊

TCP/IP

图 8-5

现在，分布式金融 DeFi、创意经济的始祖 NFT、数字原生空间元宇宙这些领域在 Web3 上的应用比较普及。从这些领域开始，这个社会会逐渐被 Web3 的分布式系统替代。现在，世界上出现了各种各样的 Web3 项目，可以说整个社会系统都在由可编程的代码集群从协议层开始被完全重构。也就是说，Web3 会把世界上所有的垄断系统转变成分散的公共财产。今后所有的代币都会通过各种各样的协议自由流通。代币可以保值，通过协议可以和其他的社区进行价值的交换。作为价值交换媒介的协议，可以被看成社会的基础设施。全世界的基础设施本来就绝对不能让某个公司垄断，因此某个公司也不需要自己保有这些基础设施。现在，提供基础设施的企业有很多。请想象一下这些公司都会被重塑成全世界的基础设施的将来。所有的系统都不是集权形式的，而是基于分布式协议，透明性被担保，没有垄断的公平的基础设施。用户可以自主选择协议，不需要中介，随时可以进行价值交换。"自动化+收益性+公共性"是 Web3 协议的本质。

8.5　在 Web3 上追求互联网应有的样子

Web3 会把互联网用加密货币和区块链进行重构。这种转变将会在各种行业扩散开来。经过几十年发展，如今互联网的应用正在被重构成超越私人机构管理的公共财产。也就是说，不应该把 Web3 看作使用了加密货币的新互联网服务，而是一种比我们的寿命还要长的，在互联网内部产生的新文明的基础设施，这才是 Web3 的本质。在考虑 Web3 未来的时候，重要的不是短期利益，而是要用一种长远的眼光来看待。世界上对短期的价值波动或喜或忧的人有很多。请注意，我们现在已经踏入了一个未知的新世界。今后，系统无论迭代多少次都不会退化，再也不会上演公共资源"悲剧"，按照设计持续运行，基于分布式协议的基础设施这些以前人类无法实现的东西终于将变成现实了。我们很幸运地将成为人类历史上首次可以制造出永久性公共资源的世代。它会让地球上所有居民的生活变得繁荣，而且会被认为是可以作为时代价值的公共资源。对于先辈们建造的博物馆、电力网络、大坝、道路这些公共财产，Web3 也会和它们一样成为社会中必不可少的公共财产，并让后辈们感到吃惊，我们应该以此为理想和目标去努力。

第 9 章

DAO 会走向
全世界

9.1　DAO 给社会带来的价值

　　Web3 是一个哲学驱动的社会。Web3 时代，依靠提供免费服务来吸引用户并获利的商业模型已经无法让人产生兴趣。这对 Web2.0 时代的人来说就是一个大的谎言。那些讲着 Web3 故事，却没有看到其本质的企业也会报以怀疑的眼光。在 Web3 中，那些以往获利的商业模式都变得没有必要。话虽这样说，但还是无法打消大家的疑问。所以，接下来会讲述 Web3 时代的社会是怎么运转的。如果看到了 DAO 的资产，就应该有一个初步印象了。例如，Uniswap 这个 DAO 保有的资产总额竟然达 7900 亿日元，即使除去那些有锁定期限、无法流动的代币，据说也有 3100 亿日元。Uniswap 社区通过 DAO 持有这些资产。而且，DAO 的资产使用去向也很特别。DAO 不是股份制公司，而是一种新的组织形式。利用加密货币管理资产这种方法在以前是无法实现的，现在通过分布在世界各地的 DAO 可以很容易实现。DAO 的所在地无法定义，虽然 DAO 这种组织就在那里，但是想指名道姓地让某个 DAO 缴税的话，究竟针对哪个国家、对谁收税，以及该怎样收税，现在还没有定论，而且对 DAO 的实体进行追踪也是很困难的。想象一下比特币就应该理解这一点了。比特币系统在全世界的范围会根据工作量来分配比特币，"挖矿"程序在不断运转，但是对比特币本身课税的例子还没有出现过。当然，对比特币的个人之间交易课税的话，不仅在日本，很多其他国家也都已经开始了（这只是过渡期的一种现象，也不能否认将来会出现针对 DAO 的法规）。针对类似比特币这样的协议，无法形成一个世界通行的规则，这象征着它已经远远超越了现在的社会和公司的存在方式。从这点来看，DAO 作为一种全新的组织形式已经成为现实。Uniswap 上的决策已经在依靠智能合约，在此之上，人的决策不是消失了，而是逐渐淡化。规则的变更、决定资金的用途这些决策还是需要人的介入。

从这个角度来说，DAO 或者 DAO 所管理的资产已经不是单纯的剩余资本，或者某个富翁的私人资产，而是可以被看成整个社会的公共财产。因此，"DAO 应该把资本留在哪里"成为一个必须解决的问题。这样的话，DAO 普及后，那些现在缺少资金的领域也能得到所需的资金，虽然可能不是很多。这就是 DAO 给社会带来的价值。

9.2　捐赠 3.0：gitcoin

前文对 DAO 持有资产的意义进行了说明，接下来会以 gitcoin 为例来具体地讲解 Web3 的协议。gitcoin 就是捐赠的 Web3 协议。gitcoin 项目成立于 2017 年。当时，在世界范围内，掀起了用加密货币来融资的 ICO 热潮，当时打着融资旗号的诈骗项目层出不穷。当时，虽然有技术的团队可以轻易融资，但是因找不到合适的人才而导致项目停滞的现象时有发生。这种情况下，Kevin Owocki 发明了gitcoin。其核心思想如下：

1）通过 gitcoin，人人都可以对开源项目进行捐赠；

2）接受捐赠的一方可以动态地增加接受捐赠的金额。

第二点中提到的接受捐赠的方法很特别。这一点让 gitcoin 被称作 Web3 时代的捐赠解决方案。为了易于理解，我们通过一个具体的例子来说明。假设你在为保护动物筹集资金，目标是 200 万日元。筹集方法不限，例如分两次，每次 100 万日元，这时候你应该注意到有两种不同的方式。对于第一次的 100 万日元，其中 90 万日元来自一位你相识的公司的总经理，剩下的 10 万日元来自 10 个人，每人一万日元。对于第二次的 100 万日元，你在 SNS 发布的帖子得到热烈反响，从全国各地 100 个人的每个人那里得到 1 万日元。就像这样，分为从少数人那里筹集和从多数人那里筹集两种方式。gitcoin 偏向后者，即从每个人那里获取少量的资金，让更多人的参与。为了向这个方向引导，专门设计出对应的奖励机制。具体来说，就是在捐赠金额上追加一定的数额，设计出一个资金池，称为 gitcoin 基金。资金池的分配方式采取了 Quadratic Funding 手法。gitcoin 基金的机制有些复杂，本书会基于图 9-1，用尽量通俗易懂的语言进行讲解。

在 gitcoin 上，如果你捐赠 10 美元，那么 gitcoin 基金就会追加 74 美元；如果捐赠 134 美元，那么追加金额会变成 243 美元。就像这样，gitcoin 基金会根据捐赠金额的变化去调整追加捐赠的金额，

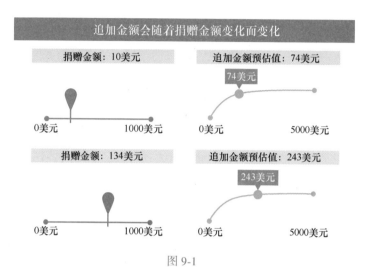

图 9-1

这使得那些有较多拥护者的项目或者协议可以得到更多的捐赠。git-
coin 为以往的捐赠方式增加了一些游戏趣味。gitcoin 制定了捐赠的
规则，以利用 gitcoin 基金池来追加捐赠金额的方式作为激励，并使
人们的行动发生变化。从这个方面来说，gitcoin 引发了一次改造捐
赠方式的革命。作者所就职的 Fracton Ventures 也通过 gitcoin 筹集过
资金。通过两次众筹，加上基金追加的捐赠，从大约 3000 名支持者
那里筹集了超过 300 万日元，其中大部分支持者都来自海外。
gitcoin 这种捐赠方式的成功可以被看作协议的胜利。这样的机制更
广泛地传播开来，在各种各样的场合下，通过奖励机制将人们的行
动向好的方向去引导。Web3 的协议应该会让这样的未来成为现实。

9.3 梦想着用 DAO 改变世界的年轻人

Web3 和 DAO 会把我们的社会指引到一个更好的方向，并且可以构建一个全世界都可以互相支持的平台，到此为止，我们已经完成了对这一点的说明。向 Web3 变迁的过程，不是一时的风潮，而是一次互联网大革命。虽然我们很多人没能目睹互联网的诞生，但是现在，就在我们眼前，正进行着智能合约公共化，这是一种一辈子只能看到一次的"大革命"。如果不是这样的话，就没法解释现在全世界都为之"疯狂"的现象。最后介绍一下为了实现 DAO 而不遗余力的年轻人，并说明他们对 DAO 的实现无比执着的原因。

通过 DAO 试图建造社会的公共设施的年轻人之中，其实是有日本人的。首先介绍渡边创太。他创立了 Astar Network 这个公共区块链。该区块链是世界前十的公链，并接入了 Polkadot。在 Polkadot 上面，接入以 Polkadot 为母链的区块链或者其他平行公共区块链的时候，都需要进行平行链拍卖来决定胜负。这是 Polkadot 制定的机制，通过这种平行链拍卖来互相竞争。渡边创太带领的 Astar Network 社区在 2021 年 12 月 3 日的竞拍中取胜，成功接入了

Polkadot。他计划在未来几年内把这个区块链的运营切换到 DAO。为了实现这个目标，他致力于各个国家社区的扩大，并通过各种活动来增加愿意为 Astar Network 贡献的开发者。罗马不是一日建成的，DAO 也一样。通过前面的讲解，大家应该理解将一个项目转化成 DAO 有多么重要了吧。而且，以渡边创太为榜样，十几、二十几岁的年轻人也在随着世界潮流开始思考自己能做些什么，并开始采取行动。

在日本以外，类似的情形也在发生。例如，印度的开发者开发出了将多种 DeFi 组合起来以方便用户使用的聚合器，提供 DeFi 借贷的服务以及设计其上层的协议的 InstaDApp。首次从 Web3 领域的投资人那里融资成功的时候，其创始人才 21 岁。其开发团队已经将该项目移交到 DAO，并利用发行的管理代币 INST，以社区驱动的方式运营 InstaDApp。协议增加后，会出现整理这些协议的协议，基于前人的协议进行再开发和再利用，并创造出新的协议，这就是 Web3 的特色吧。

而且，很多人为了帮助这些年轻人而四处奔走。例如为以太坊提供支持的以太坊基金会的执行董事宫口雅，在世界范围内为以太坊宣传并为之行动，引起了广泛关注。她曾经指出，Web3 会把 Web1.0 没有实现的愿景变为现实。也就是说，Web3 不是单纯的技术或者 IT 的趋势，而是继承了 Web1.0 思想的一种运动。对，互联网的历史不是静止的，而是不断发展并互相关联的。互联网、区块链、代币不是在昨天或今天突然互相交叉就变成了 Web3。确实，Web3 这个术语是这几年才在社会上广泛流传并成为热词。但是，互联网确实是按照它本来应该的样子，在技术有了长足进步、社会问题开始显现的现在，才开始了它的重构过程。Web3 会恢复那些在 Web1.0 时代没有实现的世界观和构想。现在，有人为互联网的进化和重构赌上了自己的人生，Web3 就是这段历史的故事。

Web3 兴起的背后是希望实现 DAO 的梦想，改变世界的努力。这场运动也吸引了众多互联网卓越贡献者的关注，如在 20 世纪 90 年代互联网"黎明"前开发出浏览器 Mosaic 的 Marc Andreessen，他从被称为虚拟货币"寒冬"的 2018 年开始，通过自己旗下的基金 Andreessen Horowitzt（简称 a16z）积极地投资虚拟货币，尤其是对底层协议的投资取得了成功。而且关于这些协议的治理，他忌惮自己的公司拥有强势的影响力，所以将治理委托给大学的研究机构，只保留管理代币持有人的身份来思考如何为社会做贡献，并付诸实践。像这些熟知互联网历史的知名人士也对 Web3 热切关注，这不正说明了 Web3 将要构建一个新的互联网吗？

实现 Web3 是全人类的挑战。哲学是实现 Web3 的重要因素。

应该会出现很多看起来像 Web3 的应用或者服务，但是想真正意义上获取人们信赖并成为公共设施的开发团队或者社区，哲学是必不可少的。脸书和谷歌被认为无法推动向 Web3 转型的运动，最大的理由就是因为它们无法否定自己。因此，假设向 Web3 迁移成功后，人们过分地信赖 Web3 的时候，互联网会不会再次回到现在这样的私人企业拥有巨大影响力的时代呢？在 Web3 革命中，在 DAO 里寻找到共同努力、志同道合的人，大家交谈的时候的那种兴奋不是在今天或明天这种短时期内就消失的激情，而是愿意赌上自己的人生去努力的长期的激情。Web3 确实拥有让人去拼搏的魔力。从这种观点来看，不是基于创业者或者投资人的立场，而是人人做主，人人贡献，只有这样的情况实现之后，世界才能变成一个理想的世界。

"现在，为了实现 DAO 而四处奔走的年轻人不过是在追寻虚无缥缈的理想世界、虚幻的梦想""组织里必须有一个做决定的人""这不是 DAO"，这些声音或者批判应该可以经常听到。但是，建议大家把目光放长远一点，我们人类现在所掌握的那些实现 Web3 的技术以及使用它们的方法，蕴含着构建未来 50 年甚至 100 年后理想的人类社会或者互联网的潜力，这一点应该是毋庸置疑的。错过了这次机会，可能就没有下次了。现在是投身 Web3 世界的绝佳时机，就是现在。

对于那些这样思考，并付诸行动的年轻人，希望我们的社会能够理解、认可他们，并给他们一定的发挥空间。对于这种世界规模的互联网再构建的活动，如果本书的读者中能有一人参与其中，作者就倍感欣慰。我们现在正处于社会变革的"十字路口"。你有为 Web3 带来的未来赌上自己希望的决心吗？最后再次呼吁：要不要一起谱写互联网的历史新篇章呢？

后　记

　　本书以 Web3 为主题，从多种角度对互联网的概要、历史背景、案例进行了整理与介绍，并且对以 DeFi、NFT、元宇宙、DAO 为代表的各种关键词用 Web3 的视角进行解读。作者抱着给读者提供一个类似于指南的参考的目的，希望在读者思考互联网或者整个社会未来的时候能够提供帮助。Web3 可以说是互联网历史的全新篇章，因为它是一个很大的突破，所以这样说一点不过分。这个突破是从 20 世纪中期开始的互联网发展的延续，这一点是万万不可忽略的。现在，互联网对社会产生了巨大的影响，反过来，它也受到了社会的影响。今后，Web3 的变革也会以类似的方式进行。也就是说，在思考 Web3 的时候，不能封闭在互联网或者技术的范围内进行，而是要放在社会或者组织的发展，以及人们之间的互相合作及关联的更大的范围内来思考。因此，思考 Web3 的未来的时候，就必须去思考社会的未来。正是基于这样的背景，本书尽可能从多领域，以及从过去到未来这样的大的时间范围来着眼。

Web3 的"大门"对所有的人都是敞开的，并且你不需要做什么复杂的事情。读完了本书，如果对 Web3 产生了兴趣，那么希望就像第 2 章中的"我"那样，通过自己动手接触一下 Web3 的实物来开始你的 Web3 探险之旅吧。以前，连接上互联网是很烦琐的，就像本书介绍过的那样，只有很少的一部分人可以使用，并且有很多限制。但是，现在的情形完全不同，很多人都拥有多台终端，而且可以上网，随时进行信息的交换。在某种程度上，现在可以说是人类历史上信息流动最为频繁的时代。这意味着，不问年龄、性别、国籍，每个人都可以和其他人交流，每个人都可以推动这个社会前进，当然，Web3 也会顺着这个潮流发展。每个人都可以成为"主角"，甚至价值都可以像信息一样进行交换，这样就会出现迄今为止从未出现的新的经济、社会，甚至新的组织形态。在这种大变革的潮流下，迈出一小步，去试着使用它，用切身感受来理解Web3 的力量。

如果这些行动让你的脑海里浮现出未来的景象，就开始创建一个自己的 Web3 项目吧。行动再小都没关系。读完本书后，哪怕只有一个人开始行动，作者也会感到无比高兴。Web3 和其他新生事物一样，发展很快，情况每天都在快速变化。情况每时每刻都在变化就意味着今天正确的答案，明天就可能是错误的。极端地说，现在以太坊作为分布式智能合约的平台的地位很稳固，但是 5 年或 10

年后的情况就可能发生变化。事实上，以太坊为了实现其扩张性，进行了几次大型更新，每次更新都使得自身变得更加复杂。复杂的系统往往伴随着意料之外的故障，以太坊瘫痪的可能性不可完全排除。

虽然这仅仅是个例子罢了，但是仍存在由于某个契机而导致整个平台被推翻的可能，Web3 现在还没有太稳固的基础。在这种情况下，考虑以互联网为代表的技术怎样改变我们的社会，以及我们的生活会发生什么样的变化这方面的问题变得尤为重要。没有了互联网，Web3 就无法存在，只有整个社会所有人参与，Web3 才可能成立。这样的话，社会中的 Web3 究竟是什么？Web3 应该是什么样子？我们每个人所说的 Web3 是不是同一个东西呢？这些问题都需要我们认真思考。Web3 所处的境况就像高速旋转的万花筒一样，瞬息万变，让人眼花缭乱。但是，我们需要关注的问题本身是不变的。然而，问题的答案需要我们每个人去思考，对你来说，Web3 是什么？希望每个人都能去探索这个问题的答案。如果本书能成为读者去思考的一个契机，或者能给读者提供一点线索，那么作者倍感欣慰。

最后，对于一如既往并亲切地向我提供帮助的创业者、专家、客户、Fracton Ventures 的成员，给了我很多中肯的反馈意见的 KANKI 出版社的编辑金山哲也，还有给互联网技术带来新的风貌和未来的中本聪，在此我要对他们表示感谢。